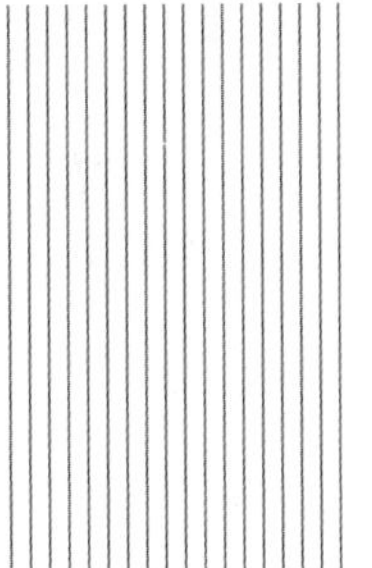

"十四五"时期
国家重点出版物出版专项规划项目

航天先进技术
研究与应用系列

王子才　总主编

精密离心机结构、驱动与控制

Structure, Drive and Control of Precision Centrifuges

霍　鑫　陈松林　马　杰　编著

哈爾濱工業大學出版社
HARBIN INSTITUTE OF TECHNOLOGY PRESS

内 容 提 要

精密离心机是高过载条件下标定加速度计高阶误差模型系数的重要惯导测试设备，其产生的加速度准确度和姿态准确度将直接影响被测加速度计的标定精度。目前，从事飞行器导航及姿态控制的研究机构已经将精密离心机作为导航控制运动的必要装备。

本书综述了国内外精密离心机的发展历史及研究现状，依托实际工程项目重点阐述了精密离心机结构、驱动、动平衡和回转半径测量所涉及的几项关键技术及解决方案，力求理论联系实际、实用性强。

本书可供从事相关专业技术研究和应用领域的工程技术人员参考。

图书在版编目(CIP)数据

精密离心机结构、驱动与控制/霍鑫，陈松林，马杰编著.—哈尔滨：哈尔滨工业大学出版社版社，2024.6

（航天先进技术研究与应用系列）

ISBN 978－7－5603－9183－0

Ⅰ.①精… Ⅱ.①霍… ②陈… ③马 Ⅲ.①离心机－研究 Ⅳ.①TQ051.8

中国版本图书馆 CIP 数据核字(2020)第 228153 号

策划编辑 杜 燕
责任编辑 马静怡 刘 瑶 鹿 峰
封面设计 刘长友
出版发行 哈尔滨工业大学出版社
社 址 哈尔滨市南岗区复华四道街 10 号 邮编 150006
传 真 0451－86414749
网 址 http://hitpress.hit.edu.cn
印 刷 哈尔滨市石桥印务有限公司
开 本 787mm×1092mm 1/16 印张 11.25 字数 226 千字
版 次 2024 年 6 月第 1 版 2024 年 6 月第 1 次印刷
书 号 ISBN 978－7－5603－9183－0
定 价 68.00 元

前言

火箭、导弹、飞机等飞行器在发射、起飞、超机动运动等过程中所面临的实际环境往往不止存在单一环境变量，而是存在振动、冲击、高旋转速度和大输入比力等变量的复合环境。在复合环境中，各种器件更容易暴露其薄弱环节，反映出单一环境试验下不能发现的问题，真实性更强。要掌握惯性器件在真实、复杂环境中的性能表现以及对自主导航精度的影响，研制能够产生复合环境的相关设备就显得尤为必要而迫切。

精密离心机(Precision Centrifuge)是在高过载条件及谐波加速度等复合力学条件下，标定加速度计高阶误差模型系数和陀螺仪误差高次项漂移系数的关键惯导测试设备，其产生的加速度准确度和姿态准确度将直接影响被测加速度计的标定精度。提高精密离心机的系统准确度，是提高加速度计测试和标定精度的重要手段。对于惯性仪表误差系数的标定，传统的标定方法是基于重力场进行试验。然而，对于高精度的应用情况，特别是大过载条件下的惯导系统，采用传统的标定方法会使实际测量的数据存在一定偏差，不能满足精度要求。经过多年的研究和探索，精密离心机应运而生。对于高精度的应用场合，特别是大过载条件下应用的惯导系统，除了在重力场中进行 $\pm 1g$ 范围内的测试外，还可以在精密离心机上进行 n 倍于地球表面重力加速度的全量程检测。

目前，从事飞行器导航及姿态控制的科研院所已经将精密离心机作为导航控制运动的必要装备，我国精密离心机正朝着更精确的加速度不确定度水平、大负载、多轴、温度试验等方向发展，测试对象也从单一加速度计扩展到惯性平台及捷联惯组。本书从惯性离心力的概念入手，详细地介绍了通用离心机、土工离心机、载人离心机和精密离心机等不同用途离心机设备的国内外发展历史与现状。尽管各类离心机的工作原理类似，但它们的设备外形、应用场合和技术指标要求却差别很大。针对精密离心机的结构方案，本书分别列举了盘式和臂式两种结构，介绍了设计要点和关键技术；针对精密离心机的驱动与控制，介绍了目前广泛采用的驱动元件，并围绕驱动元件和其他因素带来的时变周期扰动，提出了一种使用位置域重复控制的解决方案；针对精密离心机本体动平衡方法，从转子动平衡技术的基本问题出发，对转子动平衡概念、技术发展以及精密离心机动平衡方法进行了总结，并给出了相应的解决方案；针对精密离心机回转半径测量问题，包括精密离心机静态半径和动态半径测量，总结和讨论了具体的测量方式及数据处理方法。

本书的核心内容主要以哈尔滨工业大学负责方案设计和系统研制的两套不同结构形式与应用类型的精密离心机设备为背景，依托项目背景，本书重点阐述了精密离心机结构、驱动、控制、动平衡和回转半径测量所涉及的几项关键技术问题及解决方案，可供从事相关专业技术研究和应用领域的工程技术人员参考。

感谢哈尔滨工业大学姚郁教授、陈维山教授在本书撰写过程中所给予的鼓励、支持和指导。感谢哈尔滨工业大学控制与仿真中心给予的大力支持，感谢中国航空工业集团公司北京长城计量测试技术研究所董雪明研究员的热情帮助。感谢硕士生佟鑫刚、王孟渝所做的研究工作，感谢在读博士研究生刘清泉、孟姣以及硕士生徐璐、张媛媛、杜泌龙在本书文献整理和文字修订中的辛勤付出！此外，本书部分内容还参考了国内外同行专家、学者的研究成果，在此一并向他们致以诚挚的谢意。

最后感谢在本书撰写过程中所有给予关心、支持和帮助的人们！

本书依托实际工程项目，力求理论联系实际、实用性强，但由于涉及多门学科前沿，再加上作者水平、时间有限，难免存在不妥之处，恳请广大同行、读者批评指正，殷切希望读者提出宝贵的意见。

作　　者
2024 年 3 月

目　　录

第1章

绪　　论

1.1　离心机的概念

离心机又称稳态加速度模拟试验设备，是一类利用惯性离心力模拟加速度环境的高速旋转设备。离心机在化工、石油、制药、交通、水利、建筑、计量、航空航天等领域得到了广泛的应用。然而，细究其用途和构造则各不相同，之所以共用“离心机”这一名字，是因为它们都利用了同一运动形式——旋转运动和相同的物理学原理——由旋转运动导致的惯性离心力。因此，离心机在概念上并没有一个通用且准确的定义。

尽管应用于各领域的离心机设备从外形到应用上千差万别，但其基本原理大致相似，本质上都利用了系统旋转运动的特性。离心机利用转臂或转台绕固定轴高速旋转，产生若干倍于重力加速度的向心加速度，以此来模拟对象可能处于的加速度环境。根据力学原理，离心机产生的向心加速度为

$$\alpha = \omega^2 R \tag{1.1}$$

式中　α——离心机产生的向心加速度，m/s^2；

ω——离心机的角速度，rad/s；

R——离心机的工作半径，一般为离心机回转中心至加速度计质心的距离，m。

谈到“加速度”就离不开对它的度量，除了直接采用“m/s^2”作为加速度的计

量单位外，如 100 000 m/s^2，也可采用重力加速度“g”作为比较单位给出加速度值。若以 $g=10$ m/s^2 简化度量，上述加速度即可表述为“10 000g”。在实际应用中，大多数人习惯直接采用重力加速度作为加速度的计量单位，即称向心加速度为 ng，表示此时的向心加速度是重力加速度的 n 倍，其中系数 n 称为过载系数。

为什么离心机设备能够模拟加速度环境？其力学环境真的相似吗？

首先，引入惯性离心力的概念。在离心机运行状态下，离心机转子固连的转动系为非惯性系。在非惯性系中，牛顿运动定律是不成立的，具体表现形式为：处于转动参考系的观察者在不知道系统正在做水平圆周运动的情况下，其观察到的现象是静止的物体沿转臂方向仅受向心力的作用。根据牛顿运动定律，静止的物体如果受力，则一定是平衡力。为了解释观察者观察到物体受到非平衡力却处于“平衡状态”的现象，可以引入一个假想力——惯性离心力。假设物体在转动时产生了一个与向心力大小相同、方向相反的“惯性离心力”，那么向心力与惯性离心力互相平衡，因此物体就能够保持所谓的“平衡状态”了。

因此，所谓的“惯性离心力”是一种虚拟力，它只存在于非惯性系中，实际上并不存在，换句话说，它是为了将牛顿运动定律推广到非惯性系而假想出的一种力。惯性离心力的引入，使得在非惯性系中除了牛顿第三运动定律外，牛顿力学中的各种定律、定理都能够得以运用。

引入惯性离心力的概念后，下面讨论惯性质量与引力质量的关系。

对于物体而言，物体的重力主要取决于万有引力，同时也受由地球转动导致的向心力的影响，其具体的数值与方向对应矢量等于万有引力减向心力，如图 1.1所示。考虑到由地球转动导致的向心力一般远小于万有引力，因此可以近似认为物体的重力等于万有引力。万有引力以及重力加速度的表达式分别为

$$F=G\frac{M_1M_2}{R^2}=M_2g \tag{1.2}$$

式中　M_1——地球质量，$M_1=5.97\times10^{24}$ kg；

M_2——物体的质量（引力质量），kg；

G——万有引力常数，$G=6.67\times10^{-11}$ N · m^2/kg^2；

R——物体与地球质心之间的距离，m；

g——重力加速度，N/kg。

$$g=G\frac{M_1}{R^2} \tag{1.3}$$

根据牛顿第二运动定律可以得出

$$G'=Ma=Mg \tag{1.4}$$

式中　G'——重力，N；

M——物体的质量(惯性质量),kg;

a——加速度,m/s^2;

g——重力加速度,m/s^2。

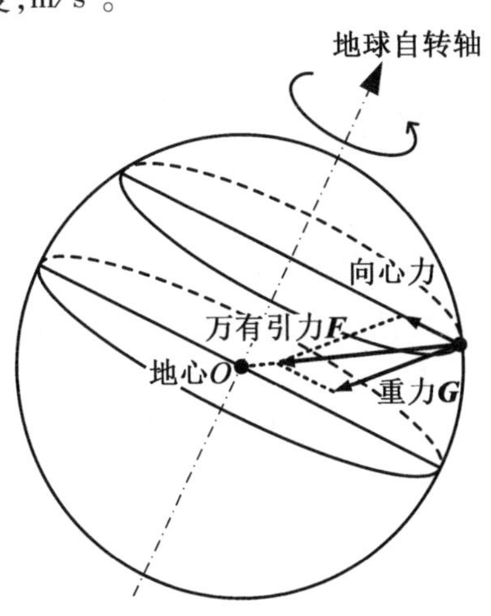

图1.1 向心力、重力和万有引力的关系

引力质量用于衡量物体引力的大小,而惯性质量则反映物体惯性力的大小。那么,引力与惯性力的大小存在着什么关系呢?爱因斯坦对这一问题给出了回答,在他1915年创立的广义相对论的理论基础中,有一个重要的基本原理——等效原理,其最初的表述是:引力与惯性力实际上是等效的。因此,基于这一原理,可以认为物体由旋转产生的惯性离心力等效于物体所受的引力。

重力加速度随海拔的升高而降低,随纬度的升高而增大,而经度对其影响不大。1901年国际计量大会规定:将纬度45°海平面的重力加速度作为地球的标准重力加速度,且规定 $g_n = 9.806\ 65\ m/s^2$。1971年国际大地测量和地球物理协会确定的重力加速度公式为 $g(h,\varphi) = 9.780\ 318 \times (1 + 0.005\ 302\ 4\sin^2\varphi + 0.000\ 005\ 9\sin^2 2\varphi) - 0.000\ 003\ 08h$,式中 φ 为当地的纬度,h 为当地的海拔高度。在离心机相关计算中,一般可采用 $g = 9.81\ m/s^2$,对于精密离心机则要相应地提高数据精度。值得注意的是,式(1.2)中重力加速度的单位为N/kg,而式(1.4)中重力加速度的单位为 m/s^2,二者并不矛盾,至于采用何种表述,则取决于计算场合或观察角度。

基于以上分析,惯性离心力能够等效物体受到的引力。在忽略由地球转动导致的向心力时,又可认为物体的重力等于引力。因此,离心加速度与重力加速度的力学环境是十分相似的,离心模拟在理论上是可行的。

1.2 离心机的分类

1.2.1 离心机的分类方式

离心机的种类纷繁多样，可从不同的角度对其进行分类。

1. 按应用对象的物理属性分类

起初，离心机是一种被广泛应用于食品、医药、轻工业、化工等领域的通用设备，主要用于分离液态混合物，此类离心机可视为液体离心机；近代原子能领域利用离心机浓缩铀，其处理对象是气体，可称之为气体离心机；科学研究领域利用离心机产生稳态加速度，模拟研究的对象主要是固态物质，可称之为固体离心机；此外，离心机的应用对象还有固态混合物或固液双相半流体等。

为了区分无生命物质与活体，固体离心机又分为物体离心机和生物离心机两类；生物离心机又可细分为动物离心机与人体离心机（或称载人离心机、人用离心机），后者又分为航空人用离心机与航天人用离心机等。

2. 按加速度水平分类

气体离心机及用于电子元器件试验的固体离心机，能提供的加速度都非常高，称为高加速度或高 g 值离心机；液体离心机及用于部件级以上试验的固体离心机，一般需要提供中等大小的加速度，称为中加速度离心机或中 g 值离心机；生物离心机的加速度相对较低，称为低加速度离心机或低 g 值离心机。

加速度的高低是相对而言的。对于高 g 值离心机，能产生数千 g 加速度的只能称为低速离心机，产生数万 g 加速度的才称为高速离心机，产生 100 000g 以上加速度的称为超速离心机；对于中等 g 值离心机，产生 100g 以下加速度的称为中速离心机，适用于航空航天试验领域，产生 100g 以上加速度的称为高速离心机，用于土工试验领域；低 g 值离心机的加速度通常只有 10g 左右，用于生物和人体试验。

3. 按应用范围分类

轻工业、化工、医药是离心机的主要应用领域，它们统称为通用离心机；载人离心机、土工离心机和精密离心机等应用领域特殊，故称为特种离心机。

4. 按工作场所分类

离心机按运行的工作场所可分为工业离心机与实验室离心机两类，通用离心机一般为工业离心机，特种离心机属于实验室离心机。

特种离心机的分类如下。

(1)按使用目的分类。

固体离心机中,用于飞机、导弹、航天器整体或部件试验的离心机称为航空航天整型(整星)级或部件级离心机;用于元器件和电工电子产品试验、筛选元器件的离心机称为元器件离心机;用于土力学模型试验研究的离心机称为土工离心机或光弹(与热环境复合)离心机;用于航空航天飞行员试验研究与训练的离心机统称为载人离心机;用于研究或标定加速度计的高精度离心机称为精密离心机。

(2)按环境复合程度分类。

特种离心机按环境复合程度可分为单一环境离心机和复合环境离心机。单一环境指环境中仅存在稳态加速度;复合环境是在此基础上附加振动、噪声、爆炸、温度、真空等环境,也可附加运动、视听等其他功能,从而构成具有复杂环境和运动形式的离心机,如模拟缩模地震的动态土工离心机等。

(3)按设备规模分类。

特种离心机按设备规模可分为小型、中型、大型、特大型等层次。对于机床等机械设备,总质量达到数百千克的称为小型离心机;总质量达 1 t 以上的称为中型离心机;总质量达几十吨的称为大型离心机;特大型离心机一般指 100 t 以上的设备。

(4)按结构分类。

土工离心机还可分为转臂式离心机和转鼓式离心机,后者可以模拟稀浆或者薄而宽、长的模型;载人离心机也可分为带自由甩动座舱的单轴舱载人离心机、带常平架系统的三轴载人离心机及多轴动态飞行模拟器等。

1.2.2 通用离心机

在自然状态下,当静置含有细小颗粒的悬浮液时,悬浮颗粒密度越大,颗粒下沉速度越快,如果悬浮颗粒的密度小于液体密度,颗粒则会上浮。因此,颗粒的移动速度与颗粒大小、形态、密度、重力场的强度以及液体黏度有关。由此可以看出,在地球重力场的作用下,混合物能够实现自动分离。通用离心机正是通过高速旋转产生强大离心力,以加大重力场强度的方式加快混合物中颗粒的沉降速度,从而加快分离过程。

从传统意义上讲,通用离心机是用离心力分离多种不同物料的一大类科学仪器,是离心机的鼻祖。通用离心机在高速旋转时能够产生离心力,根据物质在液体或固体混合物中的密度、大小和形状,在离心力场中对物质进行分离、精制及纯化。这一类用于分离物料的离心机设备被广泛地应用于化工、石油、食品、制药、选矿、煤炭、水处理和船舶等领域。各国生产的通用离心机如图 1.2 所示。

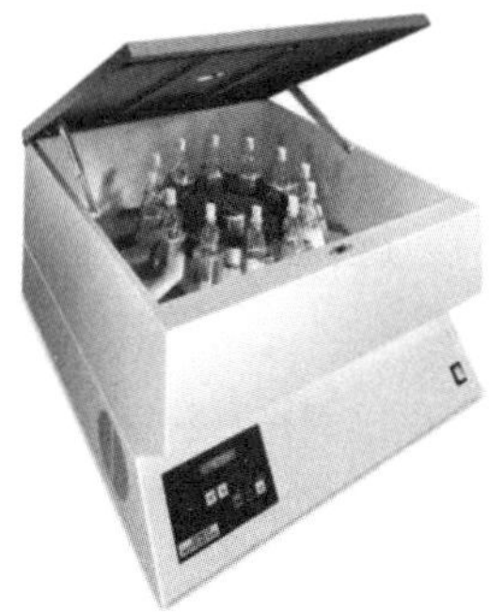

(a)瑞士Gerber通用离心机

(b)德国Sigma通用离心机

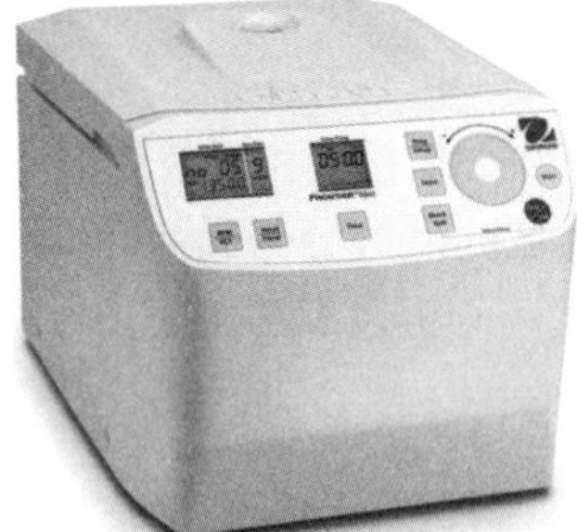

(c)美国Ohaus通用离心机

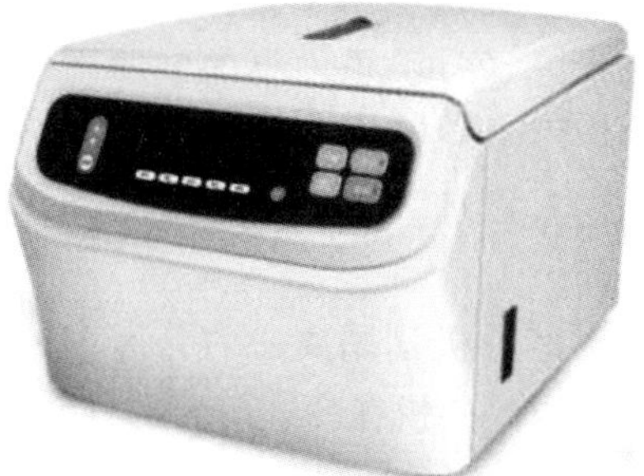

(d)中国白洋通用离心机

图 1.2　各国生产的通用离心机

1. 国外通用离心机发展概况

18 世纪中叶,工业革命的爆发促使各行业对分离工艺的要求逐渐提高。因此,用于分离物料的通用离心机应运而生。19 世纪中叶,第一台离心机诞生于欧洲。同时期,又诞生了用于为纺织品脱水的三足式离心机,以及用于制糖厂分离结晶砂糖的上悬式离心机。1878 年,瑞典人 De Laval 研制出了手动皮带式牛奶分离器用以制造奶油。他将牛奶放置在转子中,分离器通过皮带传递力矩以驱动转子旋转,在离心力的作用下使牛奶变成奶油。这台离心机是通过人力驱动的, 转速可达 3 000 r/min。

早期离心机设备的结构比较简单,图 1.3 所示为一台 1891 年研制的人力驱动脚踏离心机;图 1.4 所示为一台 1901 年研制的气体涡轮带双玻璃管离心机;图 1.5所示的手摇离心机于同年生产,并于 1912 年进化为图 1.6 所示的电机驱动离心机。1923 年,瑞典物理化学家 Svedberg 对如图 1.7 所示的牛奶分离器进行了改造, 增加了齿轮增速机构,转速可达10 000 r/min,离心加速度可达5 000g,但由于该离心机产生的加速度场强度不够,因此还无法进行蛋白质分子沉降研究。在 1926—1939 年,Svedberg 与Boestad公司合作研制了油透平驱动超速离心机,其原理如图 1.8 所示,最高转速可达75 000 r/min,最大离心加速度可达 42 900g。1938 年,Beams 和 Pickels 在离心机领域首次利用挠性轴自动定心原理降低了空气摩擦阻力,并研制出空气透平驱动超速离心机,其原理图如图 1.9 所示,较油透平驱动结构有了较大的改进。1945 年,Pickels 研制出了第一台高速电机——齿轮传动离心机,其原理图如图 1.10 所示。

图 1.3 早期的人力驱动脚踏离心机

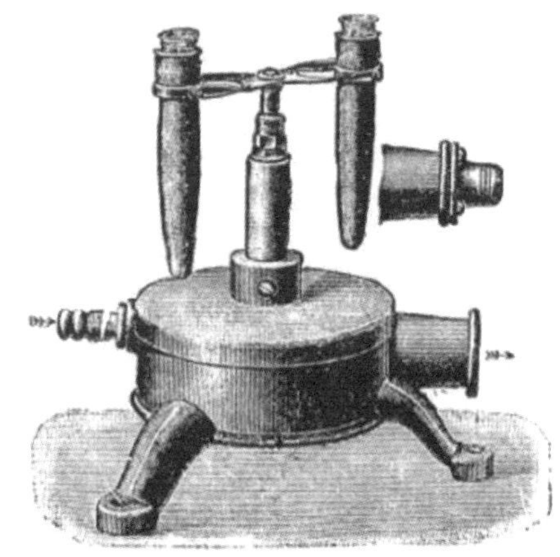

图 1.4　早期的气体涡轮带双玻璃管离心机

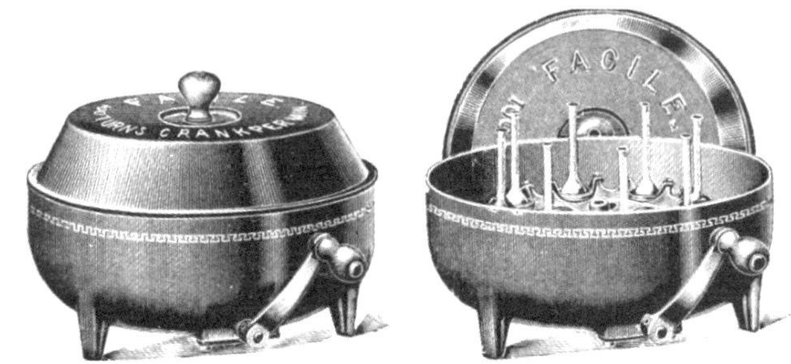

图 1.5　手摇离心机

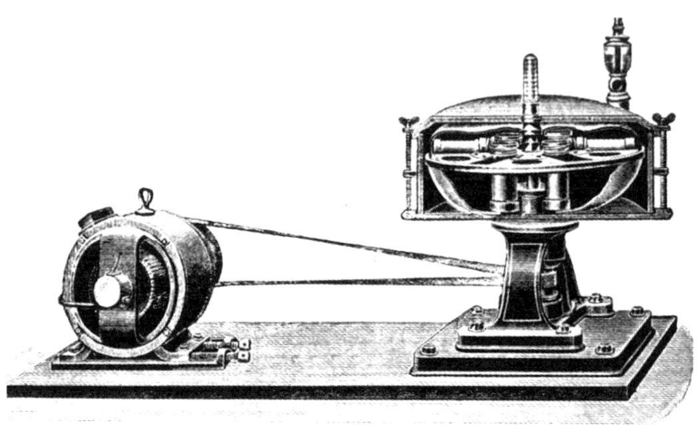

图 1.6　电机驱动离心机

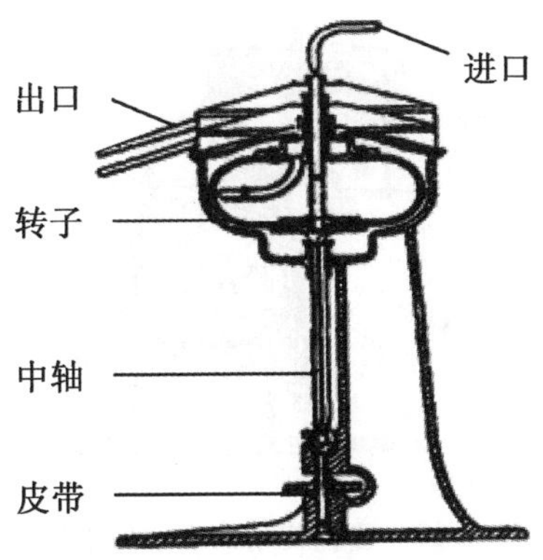

图1.7 牛奶分离器剖面图

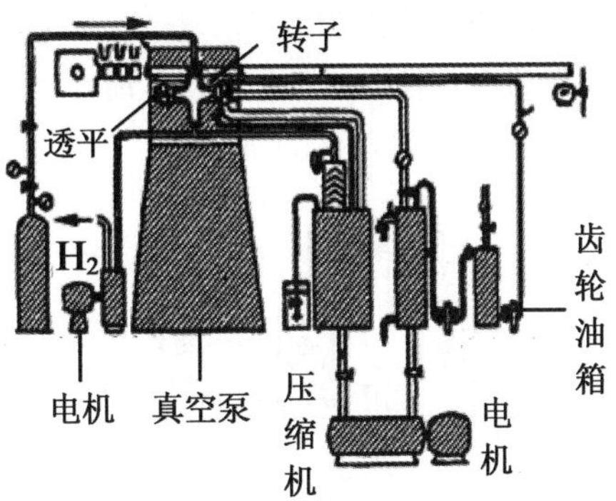

图1.8 油透平驱动离心机原理图

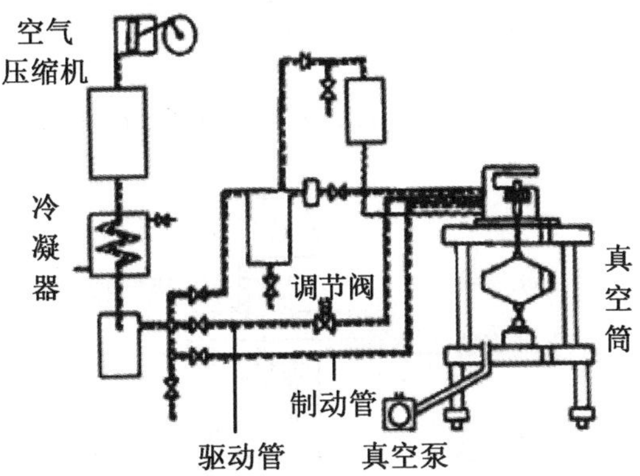

图1.9 空气透平驱动超速离心机原理图

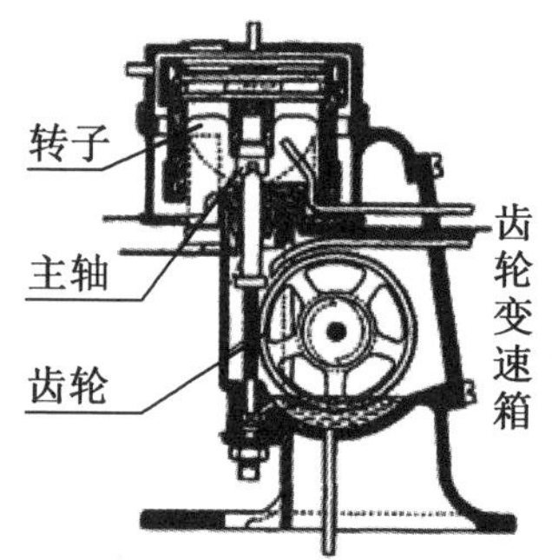

图 1.10　齿轮传动离心机原理图

20 世纪 50 年代,瑞士人 Wiedeman 研制了首台由变频电机直接驱动的离心机,其原理图如图1.11 所示;20 世纪 70 年代,美国 Beckman 公司也推出由变频电机直接驱动的超速离心机,其结构图如图 1.12 所示。至此,由变频电机直接驱动的离心机逐渐成为离心机驱动方案的主流。

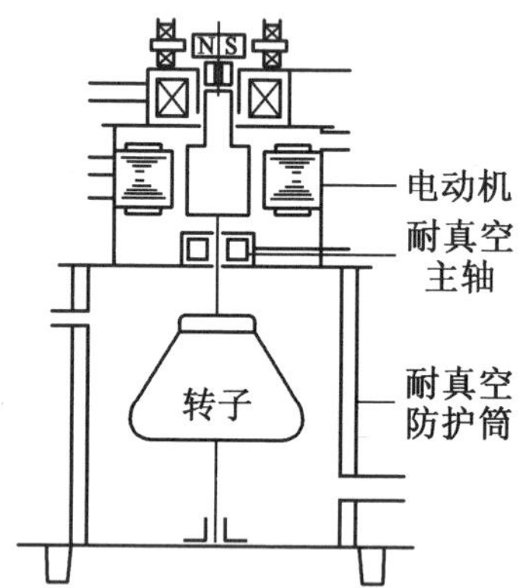

图 1.11　由变频电机直接驱动的离心机原理图

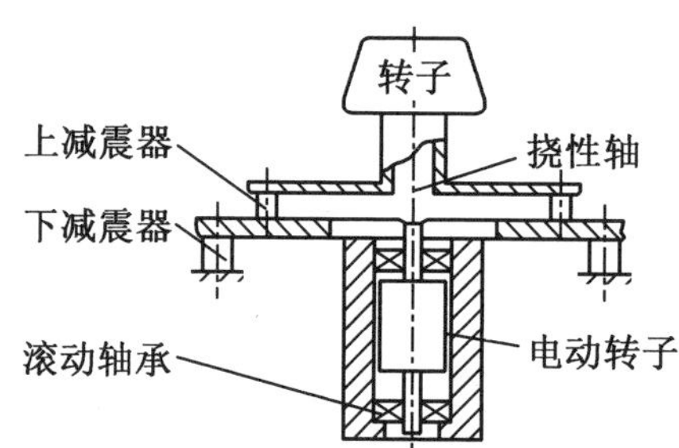

图 1.12　变频电机直接驱动的超速离心机结构图

随着近代环境保护和三废治理发展的需要,对工业废水和污泥脱水处理的要求逐步提高,促使卧式螺旋卸料沉降离心机、碟式分离机和三足式下部卸料沉降离心机进一步发展,尤其是卧式螺旋卸料沉降离心机的发展十分迅猛。除此之外,螺旋离心机设备还被广泛应用于合成塑料及合成纤维的过程中,常见的螺旋离心机如图 1.13 所示。

图 1.13　螺旋离心机

在分离过程的优化方面出现了许多辅助性的离心分离技术。例如,德国 Krauss Maffei 公司首先申请了虹吸刮刀离心机专利,利用虹吸效应强化离心分离过程,如图 1.14 所示;德国 Heinkel 公司在翻袋离心机中采用了如图 1.15 所示的压力辅助离心分离系统,其湿含量进一步降低了 10% ~20%;美国 Vigin 技术大学先进分离技术研究中心(CAST)也对压力辅助活塞推料离心机进行了研究,其结构图如图 1.16 所示,同时也证明了压力辅助技术可以降低湿含量;德国 KIT 大学的 Wagner 在开发了磁过滤技术后又开发了磁离心分离技术,用于将生物技术中敏感性组分或超细颗粒进行选择性分离,磁场辅助离心推料过程如图 1.17 所示。

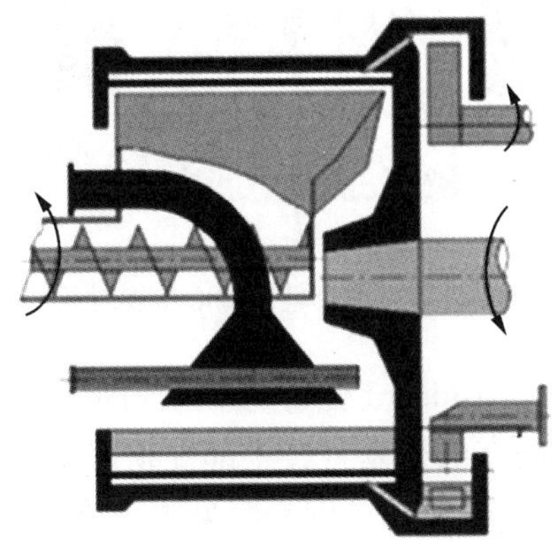

图 1.14　虹吸效应强化离心分离过程

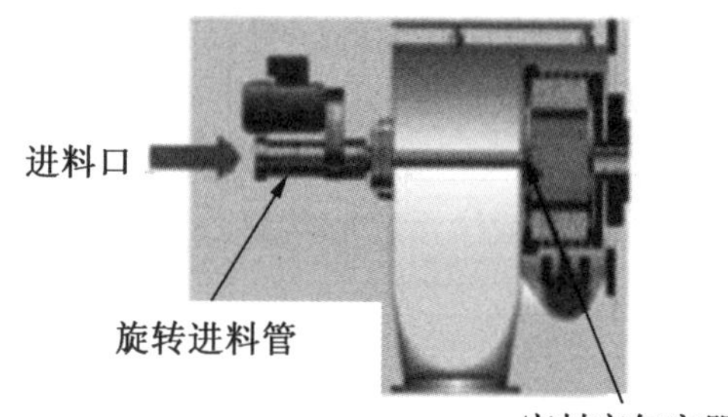

图 1.15　压力辅助离心分离系统

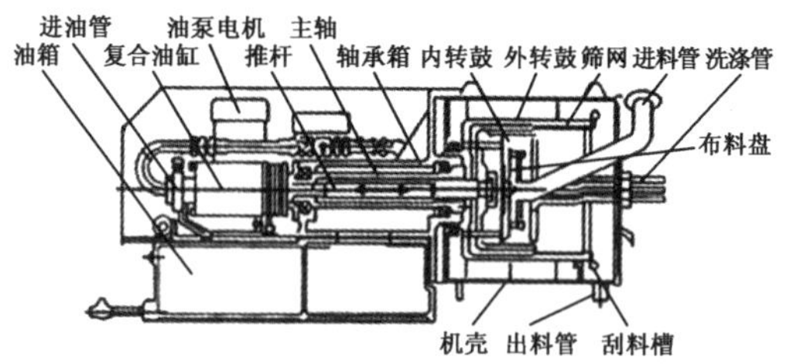

图 1.16　压力辅助活塞推料离心机结构图

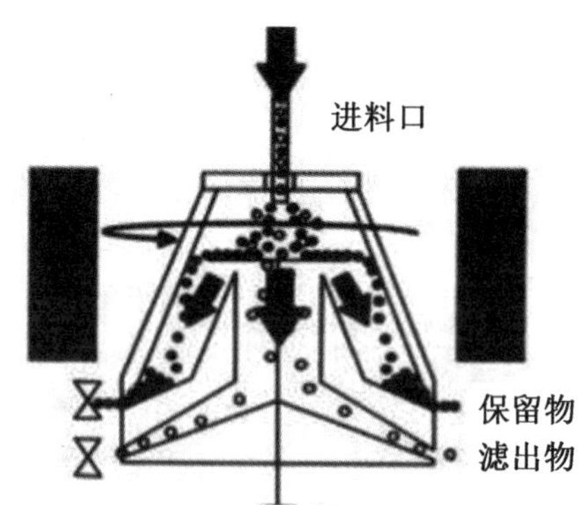

图 1.17　磁场辅助离心推料过程

在结构优化方面,法国 Guinard 公司的 D 系列顶驱型螺旋离心机(图 1.18)首先采用了 In – Line 结构在电机垂直转子部件顶部驱动,使得整机结构更加紧凑;图 1.19 所示的 Andritz 公司生产的直驱型螺旋离心机,取消了 V 带传动,有效地降低了能耗;德国 Heinkel 公司的翻袋卸料离心机(图 1.20)在活塞的作用下能够使滤袋翻转 180°,这样做可以彻底清除残余滤饼层,并通过清洗实现滤袋再生;Ferrum 公司使用如图 1.21 所示的拉袋卸料离心机使滤袋在拉袋的作用下被拉直,这种方式在卸料后能够有效清除残余物,使滤布再生。

图 1.18　顶驱型螺旋离心机

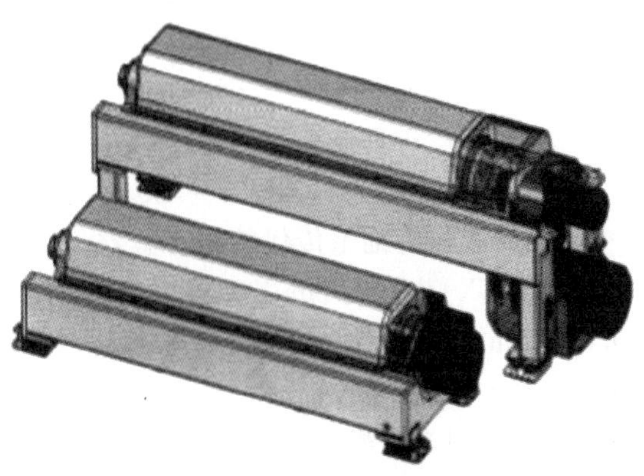

图 1.19　直驱型螺旋离心机

图 1.20　翻袋卸料离心机

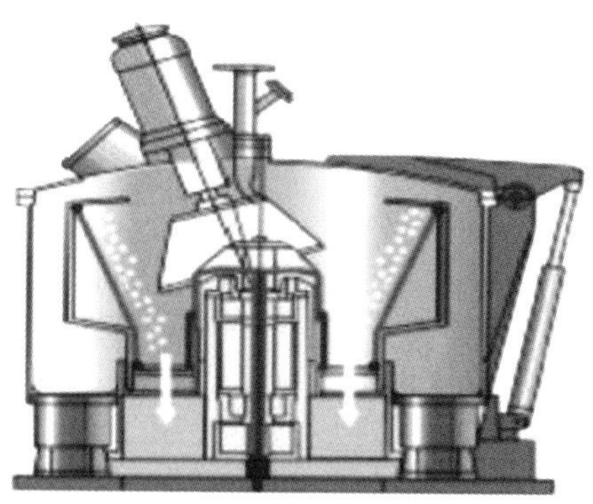

图 1.21　拉袋卸料离心机

在医疗行业，通用离心机可以用于分离混悬在溶液中的颗粒，如分离血液中的有形成分，浓缩体液中的细胞，或分离与蛋白、抗体结合的配体及游离配体等；也可以用于分离两种密度相异且互不相溶的液体，如使用有机溶剂提取体液中的某些成分或分离血液中的脂质成分等。美国 Nuaire 公司生产的 NU－C200V 通用离心机如图 1.22 所示，该设备具有细胞培养、生物生产、血液分离等多种功能；Thermo Fisher Scientific 公司生产的 ROTINA－380 离心机如图 1.23 所示，该设备可用于处理大量采血管或作为细胞传代的培养容器，可在医院、血液实验室使用；奎斯特医疗实验室（DGX）生产的 miniE 系列离心机（图 1.24）具有体积小（不足 1 ft^2，1 $ft^2 \approx 0.092\,9\ m^2$）、转速快（最大转速可达 3 380 r/min）等优点；印度 ABDOS 公司生产的旋流微孔板离心机如图 1.25 所示，它有一倾斜 75°放置的板架，使其具有待测试剂无须密封的优势。

图 1.22　NU－C200V 通用离心机

图1.23 ROTINA－380离心机

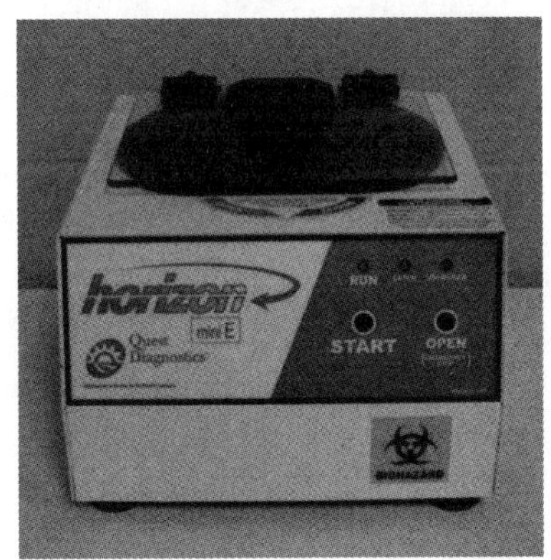

图1.24 miniE系列离心机

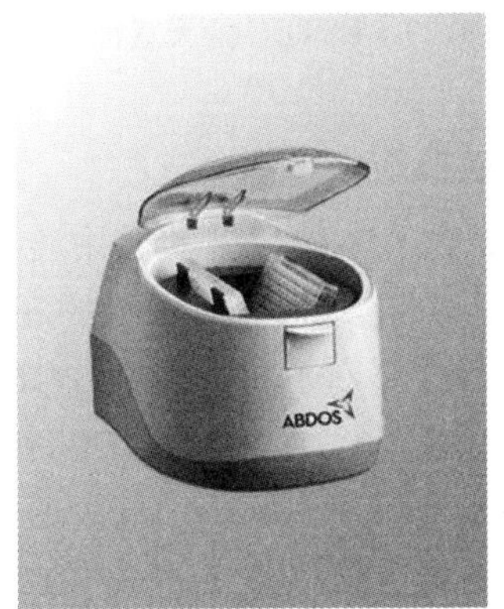

图1.25 旋流微孔板离心机

2019 年加拿大研制的 WFH1730 巨型通用离心机如图 1.26 所示，它可加工 100 t/h 的细煤产品，并以最低的运营成本获得最大的吞吐量和最高的脱水效率。图 1.27 所示为位于荷兰诺德维克的欧洲空间研究和技术中心（ESTEC）的大直径离心机，该离心机被用于铸造飞机，并测试飞机的合金部件。

图 1.26　WHF1730 巨型通用离心机

图 1.27　ESTEC 的大直径离心机

2. 我国通用离心机发展概况

不同的工业生产需求催生了多种类型的通用离心机，我国通用离心机事业崛起于世界离心机的快速发展期。图 1.28 所示的 SY－2 型手摇离心机适用于在钻井滤液中分离、沉淀各种金属离子，并从已绘制的标准曲线上读出各种颗粒的含量；XZ1000－N 型上悬式重力离心机（图 1.29）具有运转平稳、卸料快捷、自动化程度高等特点，适合分离含固体物粒度中粗、不易压缩、液相物黏度较小的悬浮液，特别适用于甲糖的分离；DHZ500 型油水分离离心机（图 1.30）主要应用于酒店、餐厅、食品加工厂、生鲜超市、屠宰场、炼油厂等各类产生含油污水的场所，使排出液达到国家污水排放标准；GF 型高速管式离心机（图 1.31）用于分离各种乳浊液，特别适用于二者密度差甚微的液－液分离以及含有少量杂质的液－

固分离。

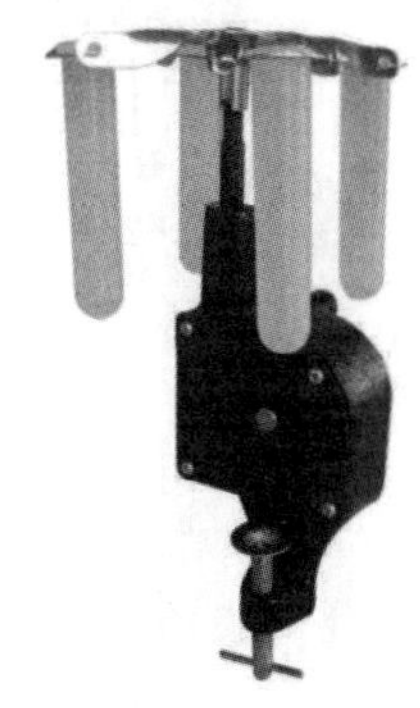

图1.28 SY-2型手摇离心机

图1.29 XZ1000-N型上悬式重力离心机

图1.30 DHZ500型油水分离离心机

图 1.31　GF 型高速管式离心机

通用离心机的发展需要与实际需求紧密结合,并在实际生产应用中不断地提升技术。离心分离技术将向着大型化及专用化的方向不断迈进,并在生产制造中得以呈现。

1.2.3　土工离心机

土工离心机是当代土力学研究中的重要设备,用于研究复杂的岩土工程问题。土工离心机能够模拟重力场,其试验结果可用来验证数值分析计算方法的有效性与计算结果的可靠性,是重现土工原形物理过程的一种有效方法,经常被应用于土工建筑物的缩模试验以及岩土工程领域的相关研究。

在复杂的工程问题中,为了验证理论和解决工程实际问题,需要使用小比例尺的物理模型去分析一些现象的本质和机理。在岩土工程中,岩土体的自重是主要荷载,岩土体内的应力场也主要由自重引起。岩土体为非线性材料,如果采用常规的小比例尺物理模型进行试验,则应力水平将大大降低,甚至可能导致结果失真。因此可通过在模型试验中增大岩土体的自重应力,来解决岩土工程中的模拟问题。

土工离心模型试验是将系统模型放置于特定的离心机中进行旋转,使 $1:n$ 缩尺的模型试验在惯性离心力为 ng 的空间中进行,其结构简图如图 1.32 所示。由于惯性力与重力近似等效,并且加速度的变化不会改变工程材料的性质,因此土工离心模型与原型的应力、应变相等,变形相似,破坏机理相同。由于离心机模拟技术能够模拟原型岩土结构中起决定作用的自重应力,因此其成为岩土学科中一种十分重要的试验手段。近年来,土工离心机及其试验技术已经在国内

外快速发展,并逐步成为衡量岩土力学与岩土工程领域研究发展水平的重要标志。

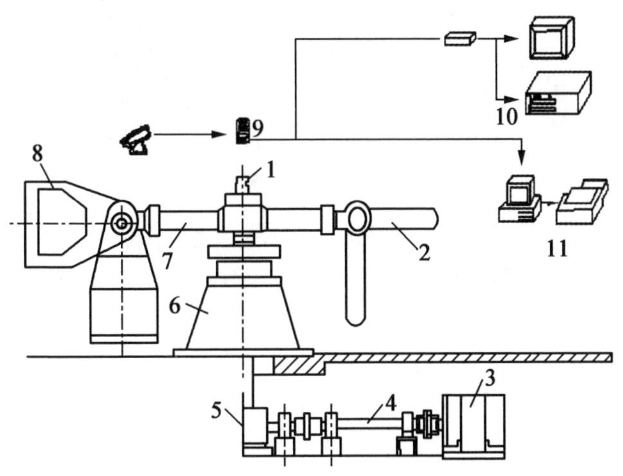

图1.32 土工离心机结构简图

1—转轴;2—平衡轴;3—电动机及整流系统;4—传动轴;5—减速器;6—机座;7—转臂;8—吊篮;9—滑环;10—摄像系统;11—数据采集系统

1.国外土工离心机发展概况

土工离心机是最早用于科学试验的一类离心机设备。早在1869年,法国人Phillips首次提出了利用离心机作为试验设备的设想,并明确地提出了离心机设计的一般原理。Phillips在《弹性体平衡相似性》一书中提出了利用缩模的方法在离心机上研究英法海峡的金属桥梁,通过试验确定了弹性梁的挠度。

1931年,美国哥伦比亚大学的Bucky在半径为0.5 m的离心机上研究了煤矿坑顶的稳定问题。在此基础上,苏联的Pokrovskii和Dovidenkov指出离心机可以使塑性体的土工模型产生与原型相似的力学关系,从而可以准确模拟一个已知质量的系统所引起的载荷状态,并在首届国际土力学与基础工程学会上公开了研究成果,这标志着离心模型试验技术开始应用于岩土工程领域。1933—1935年,美国相继研制出世界第一台小型土工离心机(图1.33),诞生了离心模型试验方法,但是由于使用的离心机半径过小,模型变化难以定量观测,研究因此没能继续进行下去。在那之后相当长的一段时间里,美国并未重视这一技术,因此对土工离心机设备的研究只停留在了数值模拟的层面。

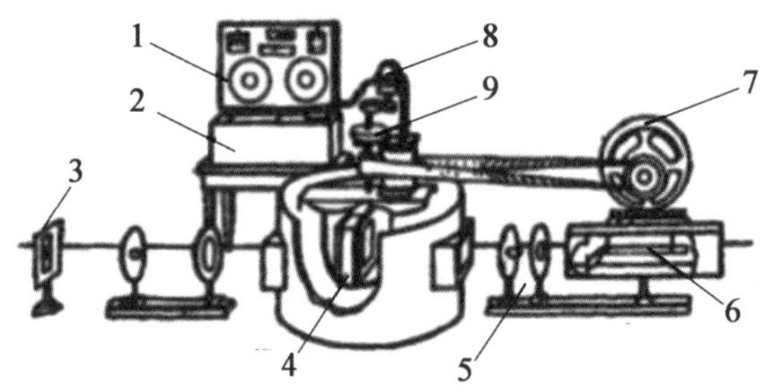

图 1.33　世界第一台小型土工离心机

1—电机控制器;2—闪光灯控制;3—黑箱挡板;4—模型箱;5—偏振镜;
6—水银灯;7—电机;8—速度计;9—同步开关

相比之下,土工离心机技术在苏联得到了足够的重视并逐渐发展起来,苏联对于土工离心机领域的发展有着深远的影响。苏联于 1974 年研制了半径为 5.5 m,容量达到 1 500 g - t 的离心机。但是,其结构形式单一、测量设备简单,这限制了它在岩土工程研究领域中的发展。

在 20 世纪 60 年代后期,英国先后在 Schofield 等人的领导下研制了近 10 台离心机,这在土工离心机技术的推广方面起到了重要作用。1966 年,剑桥大学的 Roscoe 设计了 MK Ⅰ土工离心机(图 1.34),该土工离心机的有效半径为 0.3 m,最高加速度为 300g,功率为 2 237.1 W,仅供初步研究使用。

图 1.34　MK Ⅰ土工离心机

为充分发挥材料的性能,对于高加速度的情况,转臂可采用复合梁结构形式。图 1.35 所示为美国 Colorado 大学研究院的 400 g - t 土工离心机。其为减小风阻采用了不对称臂,用 4 条高强拉力带承受离心力,并用焊接成“工”字形的对称框架梁承受横向力和附加弯矩。

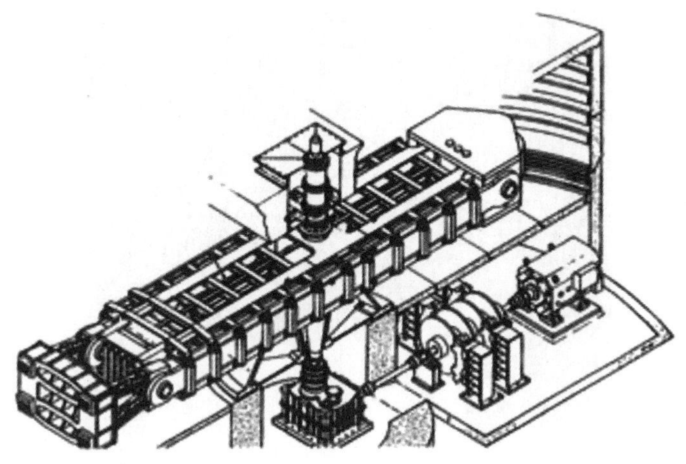

图 1.35 400 g - t 土工离心机

在这之后,土工离心机技术开始在全球各领域迅速发展,世界各国也相继开始建造土工离心机,如英国剑桥大学、美国国家土工离心模型试验中心、日本港湾技术研究所、意大利 ISMES、荷兰 Delft 岩土研究所等。1997 年,日本土木研究所(PWRI)建造了一台大型土工离心机,如图 1.36 所示,该离心机在当时号称是具有世界上最长的转臂、提供世界上最大的加速度且具有振动台的土工离心机之一。该离心机的转臂长 6.6 m,最大加速度可达 150g,容量为 400 g - t。图1.37所示的法国桥梁公路研究院(LCPC)5.5 m 臂长土工离心机采用了单吊斗不对称的臂结构,该结构只有一个吊斗,用于安装模型箱、机械手或离心激振系统,大臂采用可移动的配重块或增加配重块进行配平,具有结构紧凑、功能齐全、安全可靠的优点。

图 1.36 日本土木研究所建造的大型土工离心机

图 1.37　法国 LCPC 的 5.5 m 臂长土工离心机

加利福尼亚大学研制的半径为 30 ft(1 ft≈0.304 8 m)的岩土离心机如图 1.38所示,该设备用于测试岩土工程问题中的尺度模型。2016 年,美国伦斯勒理工学院别出心裁地利用 X－Box Kinect 作为传感器对土工离心机进行研究,如图 1.39 所示;2020 年,由日本 Shimizu 集团制造的有效半径为 3.1 m、离心加速度为 100g,有效载荷能力 300 kg(震动试验)的土工离心机,如图 1.40 所示,其广泛应用于大坝、边坡、路基、隧道、建筑基础等工程应用的试验研究中。Actidyn 公司为韩国研制的土工离心机 KOCED 如图 1.41 所示,离心机半径为 5 m,最大容量为 240 g－t,配有二维振动台和四维机器人,能够进行多种复合环境的土工模拟试验。

图 1.38　加利福尼亚大学研制的岩土离心机

图1.39 美国伦斯勒理工学院研制的土工离心机

图1.40 日本 Shimizu 集团研制的土工离心机

图1.41 KOCED 土工离心机

目前,土工离心机采用了各种现代化的设计、制造工艺及试验监测方法,这些具有代表性的离心机的建设和使用,使得离心模拟试验理论和技术得到了长足发展。未来,土工离心机将向大容量方向发展,以满足研究高土石坝、高应力等重型结构工程问题的需要。

2. 我国土工离心机发展概况

早在20世纪50年代我国就曾经考虑将离心试验技术应用到结构工程中，但受到各种因素的影响，没有得到实质性的发展。直到20世纪80年代，由于大型水利建设、交通工程的需要，土工离心机在结构工程中的应用才真正发展起来。

1983年，长江科学院研制完成了我国第一台大型土工离心机，该离心机的总容量为300 $g-t$，有效容量为180 $g-t$，其外形如图1.42所示，内部结构如图1.43所示。这一成果对于我国离心试验技术的发展和创新有着深远的影响。LXJ-4-450大型土工离心模型试验机是我国在“七五”攻关期间研制的第一台大型土工离心模拟试验设备，如图1.44所示。该试验机采用对称双臂，双吊篮、双摆动的形式，主机结构合理、运行平稳、模型安装方便、试验精度高，其转动半径约为5.03 m，最大加速度为300g，有效负载为1.5 t。1992年，航空工业直升机设计研究所研制了土工离心机。自建成以来，在不改变实验室房屋结构的前提下该离心机经过了全面的升级改造，包括主机机械系统、电气系统和数据采集系统。全新的NHRI 400 $g-t$离心机如图1.45所示，现工作于南京水利科学研究院。

图1.42　长江科学院研制的土工离心机的外形

图1.43　长江科学院研制的土工离心机的内部结构

图1.44 LXJ－4－450大型土工离心模型试验机

图1.45 NHRI 400 g－t土工离心机

2002年，香港科技大学（HKUST）研制了代表现代化发展水平的400 g－t大型土工离心机，该离心机具有双向振动台、四维机械手、网络数据采集及处理功能，如图1.46所示。中国工程物理研究院总体工程研究所的土工离心机研制技术位于国内领先水平，该所先后研制了一系列不同规格的高精度、大容量，具有温度、振动、机械手等复合功能的土工离心机产品。其中，图1.47所示的TLJ－150型土工离心机是国内首台自主研制的具备缩比模型地震模拟试验和动态打桩及挖掘施工过程模拟的多功能复合离心机，它填补了国内大型土工试验离心机（多功能、离心振动复合型）的空白。TLJ－500型土工离心机是目前国内载荷容量最大的土工离心机，如图1.48所示，其配置的机载动态施工过程模拟机器人能够适应150g的离心环境，与国际同类设备相比，此设备的缩比模型地震模拟台的规模和性能指标也都更高。

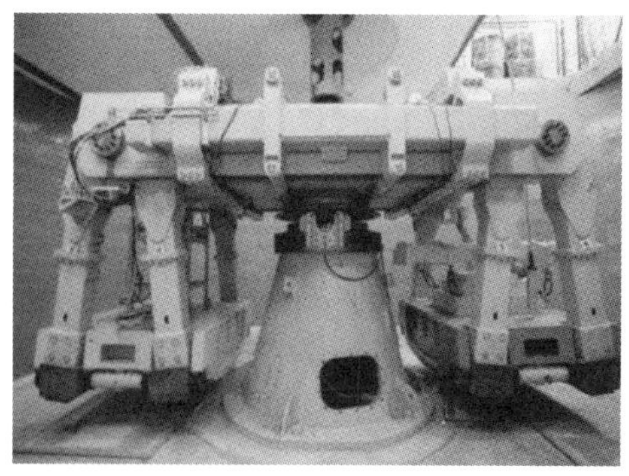

图 1.46　香港科技大学研制的 400 g - t 大型土工离心机

图 1.47　TLJ - 150 型土工离心机

图 1.48　TLJ - 500 型土工离心机

西南交通大学研制的 100 g - t 土工离心机(图 1.49)采用了双吊斗不对称的臂结构。在该方案中,一个吊斗用于工作,而另外一个吊斗只用于对离心机大臂进行配平,因此配平吊斗可具有良好的气动特性,从而减小转臂转动惯量,并有利于减小惯性功率。同济大学研制的 150 g - t 土工离心机(图 1.50)和成都理工大学研制的500 g－t 土工离心机(图1.51)均采用了单吊斗、不对称的臂结构。国内综合指标最大的TK－C500型土工离心机于2016年在滨海新区临港经济区交通部天津水运工程科学研究院水动力试验基地投入使用,其实物图如图1.52所示。该离心机有效容量为500 g－t,最大加速度为250g,最大转动半径为5 m,具有模型比例尺大和试验精度高等特点。

图1.49 西南交通大学研制的100 g－t 土工离心机

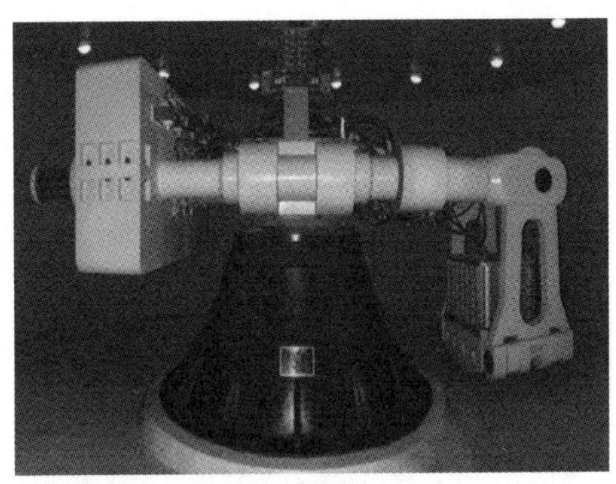

图1.50 同济大学研制的150 g－t 土工离心机

图1.51 成都理工大学研制的500 g－t 土工离心机

图 1.52　TK－C500 型土工离心机

1.2.4　载人离心机

各国研究人员针对飞行员在高过载环境中产生的一系列生理系统反应开展了深入的研究工作，这对地面模拟试验提出了较高要求，其中人工重力模拟已经成为飞行员医学保障的重要技术平台。载人离心机是航空航天医学专用的大型地面环境模拟设备，可用来进行航天员选拔、训练以及超重生理学与临床医学研究。图 1.53和图 1.54 分别为俄罗斯及我国航天员在载人离心机中的训练情况。

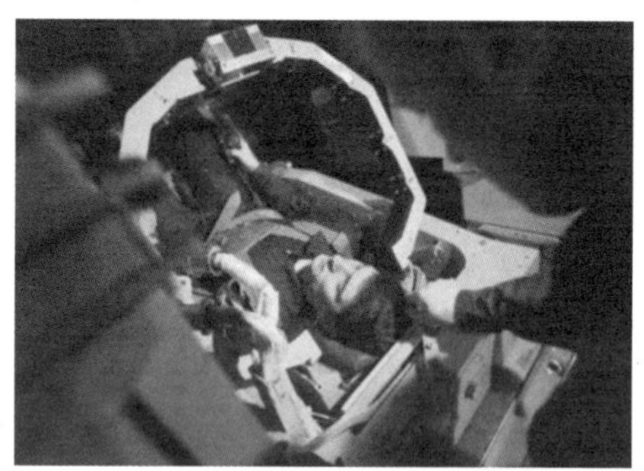

图 1.53　俄罗斯航天员在载人离心机中的训练情况

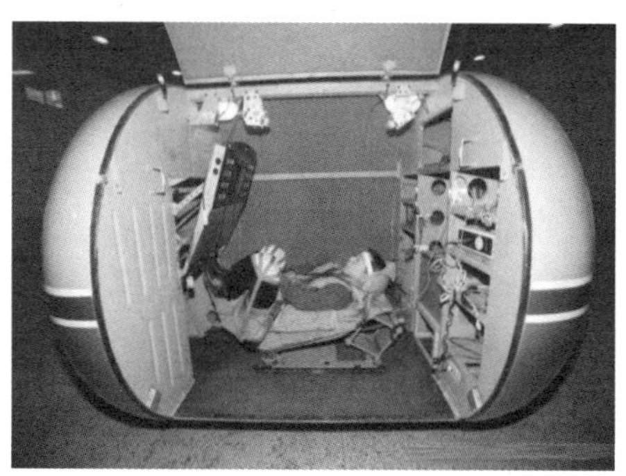

图 1.54　我国航天员在载人离心机中的训练情况

现代大型高性能载人离心机的应用领域十分广泛，既可以研究持续性加速度对人体的影响，也可以为选拔飞行员、航天员进行医学鉴定，成为锻炼和训练的重要手段，还能评价和校正飞机、飞船装备的性能，对抗荷服、航天服、救生及其他生命保障系统在控制环境条件下进行试验，同时也能进行包含加速度等综合环境因素作用下的环境控制系统试验等。

载人离心机系统主要包括机械系统、调速系统、测控系统和辅助系统。被试者在吊舱内仰卧（或坐）于座椅上，吊舱绕主轴旋转产生离心加速度，使被试者处于超重环境，测控系统向调速系统发出相应的控制指令以控制载人离心机的主轴转速，通过调整控制系统可产生不同 g 值、g 增长率和作用时间下的加速度。被试者通过调整体位，可受到来自不同轴向的加速度作用。

载人离心机虽然有效载荷不大、加速度不高，但因其座舱和常平架质量大、距离远、转动惯量大，对启动功率要求往往非常高，故对主轴驱动力矩和驱动功率的要求必然也很高，对于离心机的强、弱电调控以及机电一体化技术的要求也较高。此外，由于载人离心机的试验对象是人，因此对设备安全性和可靠性的要求十分严格，以保证参试人员和设备的绝对安全。

1. 国外载人离心机发展概况

载人离心机诞生之初，其应用几乎与航空航天领域毫不相干，这一类可容纳人的离心机主要应用于简单的医疗和娱乐需求。1795 年，Watt 设计了历史上第一台载人离心机，其结构图如图 1.55 所示，本质上它是一个依靠人力转动的旋转床，以此治疗失眠、去热退烧以及心脏病，但并未投入实际生产；同年，Darwin 也制造了能够诱导病人入睡的离心机；1898 年，Weausch 建造了一台直径为 3.3 m、可产生 $3g$ 的载人离心机用于进行人体试验；1903 年，英国的 Maxim 建造了一台取名为“可控飞行器”的载人离心机，当离心机的加速度达到 $6.87g$ 时，在该离心机上进行试验的工程师丧失了意识，这也是首例由加速度引起的加速度诱发意识丧失（G－Induced Loss of Consciousness，G－LOC）的历史记录，其结构如图 1.56 所示。

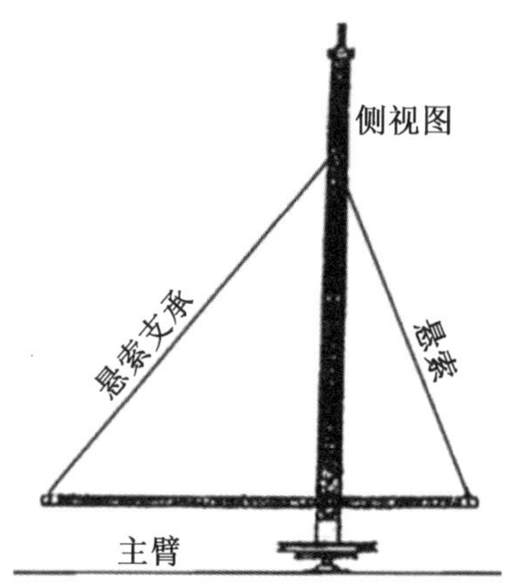

图 1.55　历史上第一台载人离心机结构图

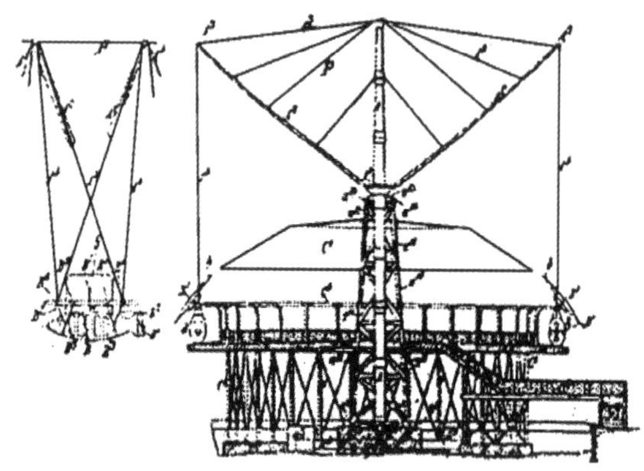

图 1.56　“可控飞行器”载人离心机

20 世纪初期,载人离心机开始作为航空医学的研究工具,用于加速度生理学及抗荷装备的研究。1918 年,法国的 Broca 和 Garsaux 在直径为 6 m 的离心机上进行了一些动物试验,以进行相关的医学研究;1931 年,法国的 Flamme 在西点航空技术研究所利用臂长为 8 m 的离心机进行了人体试验,此举也开创了人体加速度生理学研究的先河;1935 年,图 1.57 所示的美国第一台用于人体研究的载人离心机诞生,这是由 Armstrong 和 Hein 进行加速度试验研究的仪器,这台载人离心机的半径为 6 m,由一个 25 马力(1 马力≈0.735 kW)的电动发动机驱动;1941 年,加拿大多伦多同盟国研制的第一台载人离心机被用于进行早期抗荷服试验,如图 1.58 所示;图 1.59 所示为美国宇航局 Ames 5 自由度运动模拟器,它具

有 30 ft 旋转半径，于 1961 年初投入运行；1971 年，图 1.60 所示的 N－243 飞行和制导离心机在美国宇航局艾姆斯研究中心研究成功，它可最多使被测人员额外承受 3.5g 的加速度。

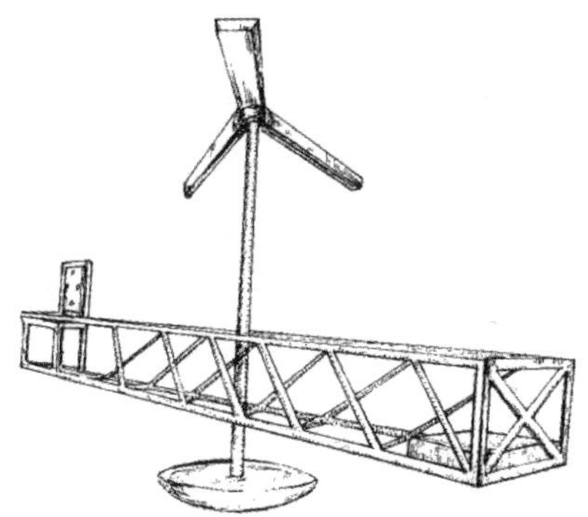

图 1.57 美国第一台用于人体研究的载人离心机

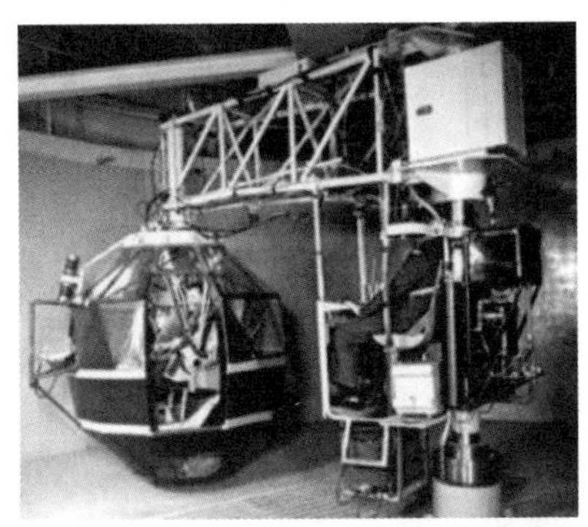

图 1.58 加拿大多伦多同盟国研制的第一台载人离心机

图 1.59 Ames 5 自由度运动模拟器

图 1.60　N－243 飞行和制导离心机

20 世纪 90 年代，由于三代战机的大量服役，载人离心机开始与飞行模拟器相互结合使用，形成了现在的动态飞行模拟器。国外的动态飞行模拟器均由各国自己的研究训练中心进行训练管理，并用于飞行员过载体验、航空医学研究以及生理训练。比较知名的研究中心有美国国家航空训练研究中心、美国 Holloman 空军基地生理训练中心以及韩国空军与美国 Wright－Patterson 空军基地的空海军联合服务航空医学中心。

2003 年，美国 Wyle 实验室为瑞典空军建造了一台动态飞行模拟器，如图 1.61所示，它既可以用作 JAS39 战斗机飞行员训练的飞行模拟器，又可以进行高过载环境下的医学研究。该系统可以在很短的时间内让飞行员将加速度拉起到 9g，并做出俯仰、滚转等动作，飞行员在模拟座舱内获得的视觉、过载感受与真实飞行过程非常接近。

图 1.61　美国 Wyle 实验室建造的动态飞行模拟器

2012 年，ETC 公司成功研制 ATFS－400 型动态飞行模拟器（图 1.62），该设备配置了包括 F－35“闪电”战斗机在内的多个高保真模拟座舱，是当时最先进的动态飞行模拟器。ATFS－400 型动态飞行模拟器具备 3 个自由度的运动模拟

能力，加速度增长率为 $15g\ s^{-1}$，最大加速度达 $20g$。该飞行模拟器除了可以开展航空医学、加速度生理学研究和加速度耐力训练外，还具备开展全任务战术飞行的能力。

图 1.62 ATFS－400 型动态飞行模拟器

德国航空航天中心的短臂离心机（图 1.63）被用于模拟和研究人造重力对人体的影响，并通过使用不同的训练和测试方法改善宇航员的身体状况。该中心研制的另一种具有 20 ft 臂长的载人离心机，如图 1.64 所示；图 1.65 所示的 M1 系列为 DLR 的下一代短臂载人离心机，具有 12.4 ft 的半径，最大径向加速度为 $6g$，加速时间小于30 s；Sandia 国家实验室装配了如图 1.66 所示的载人离心机，旨在模拟空间计划中使用的各种设备和材料在不同重力条件下的情况。

图 1.63 德国航空航天中心的短臂离心机

图 1.64　德国航空航天中心的 20 ft 臂长载人离心机

图 1.65　M1 系列短臂载人离心机

图 1.66　Sandia 国家实验室的载人离心机

美国国家航空航天培训和研究中心研制的战术飞行系统包含一个 25 ft 的臂式载人离心机(图 1.67),它结合了高性能喷气驾驶舱和 VR 视觉显示的真实建模,使其能够更有针对性地对被测人员进行训练;图 1.68 为位于俄罗斯的 Yuri

A. Gagarin 研究和测试宇航员培训中心(GCTC)的大型载人离心机,该载人离心机为当时能够提供最大过载系数的航空航天用离心机。

图 1.67 25 ft 臂式载人离心机

图 1.68 俄罗斯大型载人离心机

图 1.69 所示为波兰军事航空医学研究所研制的一款载人离心机,其配备了一个完整的 F16 驾驶舱和飞行模拟器用于训练飞行员;位于美国加利福尼亚州 Ames 研究中心研制的 20g 载人离心机如图 1.70 所示,它能够满足航空驾驶员和航天宇航员的训练与测试;2017 年,美国莱特·帕特森基地研制的载人离心机如图 1.71 所示,其耗资 3 440 万美元,是当时最先进的载人离心机,供该基地的空军进行关于重力的训练和研究。

图 1.69　波兰军事航空医学研究所研制的载人离心机

图 1.70　美国 Ames 研究中心研制的 20g 载人离心机

图 1.71　美国莱特・帕特森基地研制的载人离心机

2. 国内载人离心机发展概况

我国自 20 世纪六七十年代开始进行载人离心机的研制工作，1963 年由空军航空医学研究所启动了国内第一台载人离心机的设计工作，上海市机电设计研究院于 1964 年开始制造，于 1967 年投入使用，样机如图 1.72 所示。该离心机转臂长度为 5 m，最大加速度为 15g，加速度增长率在(0.1～1.25)$g\ s^{-1}$之间。该离心机服役时间长达 30 余年，承担了我国多项重大航空医学研究，进行了多次空军各型号飞机机载供氧制氧装备、个体防护装备等试验任务。

图 1.72 我国第一台载人离心机样机

特大型人－物两用离心机于 1968 年 6 月开始方案论证调研，经钱学森亲自决定，对离心机任务提出的技术要求为“离心机人、物两用，三轴电动，主轴液压”。1976 年年底，转台部件完成工厂制造，1978 年下半年转台进入实验室安装，并于 1982 年顺利完成调试。该离心机的单轴仓、三轴仓离心机实物图分别如图 1.73 和图 1.74 所示。

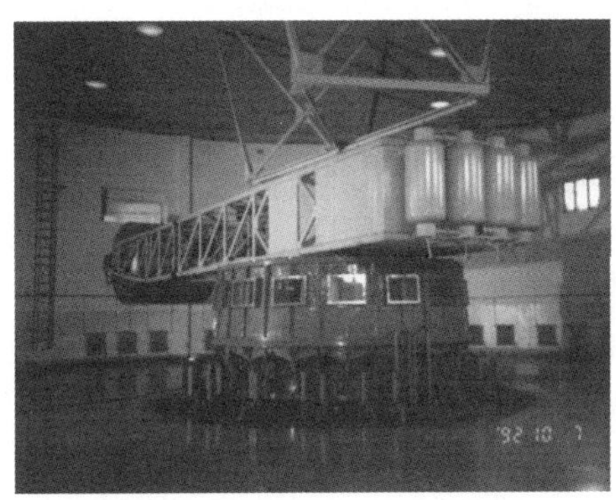

图 1.73 单轴仓载人离心机实物图

图 1.74 三轴仓载人离心机实物图

1998 年,航空工业直升机设计研究所凭借其在轻质、高刚度臂架设计制造方面的经验与优势,为总装航天医学工程研究所建成了一台 HYG08 型两自由度载人离心机,其实物图如图 1.75 所示。该离心机的转臂长为 8 m,最大加速度为 $16g$,最大加速度增长率为 $6g\ s^{-1}$,最大有效载荷为 165 kg。该离心机在使用过程中可执行梯形曲线及随机曲线,但不具备动态飞行模拟的功能。该离心机可应用于航天员的训练需求,为我国载人航天事业发挥了重大作用。

图 1.75　HYG08 型两自由度载人离心机实物图

中国工程物理研究院总体工程研究所依托雄厚的综合实力和长期的离心机研制技术积累,于 2012 年成功研制了用于新一代战机救生装备产品检测的“动态载荷模拟系统”,其性能已经达到高性能载人离心机的指标要求。目前在研的高性能载人离心机,如图 1.76 所示,能够持续提供 3 个自由度的载荷,具备飞行模拟功能,主要瞄准第三、四代战机飞行员训练,主要性能指标与世界最先进水平相当。

图 1.76　DFS 高性能载人离心机

中国航天员科研训练中心陈列着多种不同的载人离心训练设备,航天员的训练包括使用短臂(图1.77)、长臂(图1.78)载人离心机中的仪器设备模拟各种指令,熟悉各种仪表显示,掌握不同飞行阶段的操作,特别是在发生异常情况时学会如何判断和正确处置;模拟失重水槽训练,这里指通过水下配平达到中性浮力,模拟太空失重进行的舱外活动训练。在图1.79所示的水下训练离心机中,航天员要在水下模拟太空中可能出现的操作和动作,如图1.80所示。

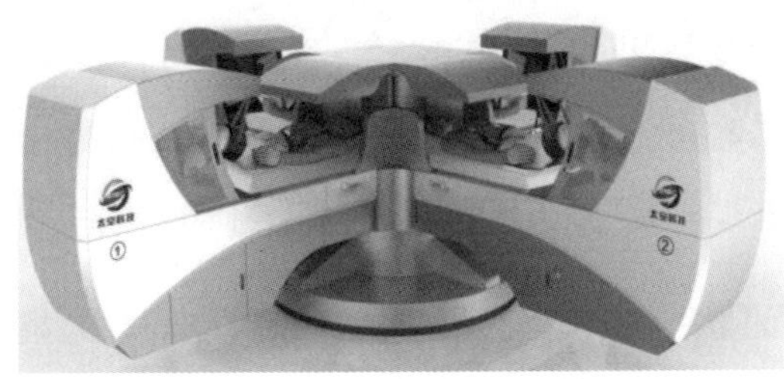

图1.77 短臂载人离心机

图1.78 长臂载人离心机

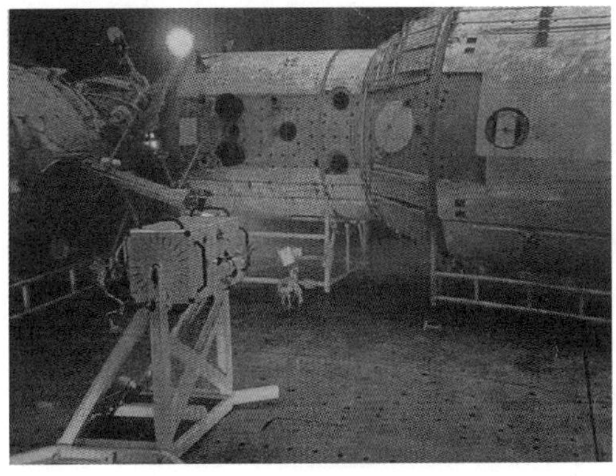

图1.79 水下训练离心机

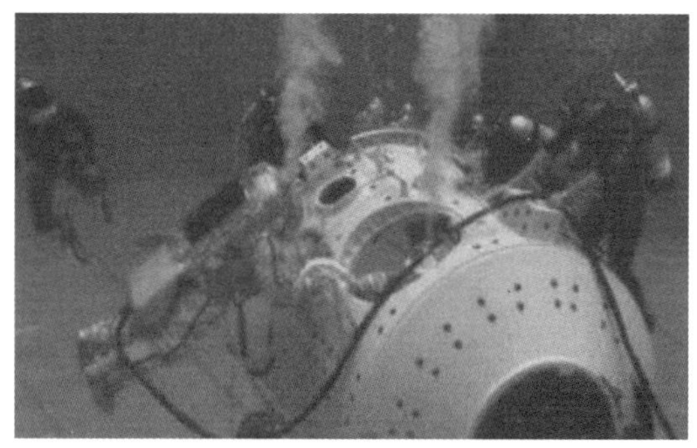

图 1.80　航天员正在水下进行空间飞行训练

经过几十年来的发展，我国已经具备了比较成熟的载人离心机技术，能够完全满足飞行员和航天员的训练需求，其安全性和可靠性也得到了时间的检验。新一代载人离心机集加速度载荷训练和飞行模拟为一体，性能稳定，控制精度高，正向着世界先进水平迈进。

1.2.5　精密离心机

在工业应用中，加速度测量是工程技术提出的重要课题，加速度计是一类利用敏感质量的惯性力或其他方式来感测载体机械运动信息并将其转化为电学量进行测量或存储的惯性传感器的统称。而针对高精度、超高精度级别的惯性导航，则需要开展加速度计校准工作。

加速度计校准工作的主要目的包括：确定加速度计参数模型各方程系数项；确定加速度计的输入输出特性；确定加速度计参数模型及其各系数；确定输入输出特性随各种物理条件变化的规律。可选择的方法包括重力场翻滚校准、振动台校准、双离心机校准、冲击校准、微 g 加速度校准、火箭橇校准和精密离心机校准。其中，精密离心机校准技术是指用精密离心机产生精确的标准加速度作为被校加速度计的输入，同时测量加速度计的输出，并进行对比校对，这是一种具有较高精度的方法。

精密离心机是进行加速度计离心试验的核心设备，也是一类可应用于惯性器件的标定、校准和测试的高精度测试设备，它所产生的加速度准确度以及姿态准确度都将影响被测试件的测试和标定精度。目前，对精密离心机的一般要求为加速度不确定度在 $10^{-5} \sim 10^{-4}$ 量级，部分精密离心机设备的加速度不确定度可达 10^{-6} 量级。

从事导航姿态控制的科研院所已经将精密离心机作为导航控制运动的必要装备，精密离心机正朝着更精确的加速度不确定水平、大负载、多轴、温度试验等方向发展，测试对象也从单一的加速度计扩展到惯性平台及捷联惯组。

1.3 精密离心机发展概况

1.3.1 国外精密离心机发展概况

1. 美国精密离心机

在精密离心机的研究领域，美国无疑走在了世界前列。随着精密离心机技术的不断发展，美国研制的精密离心机能提供的最大加速度从 50g 提高到了 1 000g，加速度不确定度的量级也从 10^{-5} 提高到了 10^{-6}。

早在 20 世纪 30 年代，美国麻省理工学院（MIT）仪表实验室就开始了惯性仪表方面的研究工作，该实验室在离心机领域的研究工作起步最早，研制的离心机种类也十分丰富。该实验室早期研制的精密离心机以大转臂精密离心机为主，其中 MIT/IL 型精密离心机为典型案例，该离心机半径达 9.81 m，加速度不确定度为 10^{-5}。但是由于 MIT 研制的大型精密离心机功能少、精度低、造价高，在后来鲜有使用。

GTC（Genisco Technology Corporation）公司（于 1995 年破产）以研制中型离心机为主。其中，G460 和 G460S 精密离心机是国外离心机中最突出的代表，具有工作半径大、精度高、技术领先的优点。G460 与 G460S 离心机属于桁架式长臂离心机，半径为 2.54 m，加速度范围为（0.25 ~ 25）g，加速度不确定度可以达到 2.5×10^{-6}，边缘台的位置精度为 10″，最高转速达到 1 500 (°)/s，其精密端装有“鸟笼”形状的仪器舱。这些型号的离心机在英、法、德、日、巴基斯坦等国得到了广泛的应用，它们在惯性技术中主要用于辨识、标定加速度计的静态模型以及在仪器舱上对被测对象进行调心，它们的正倒置试验精度较高。如果采用多面棱体和自准直光管，或采用可精密分度的测试工装，则可以达到更高的测试和标定精度。

CGC（Contraves - Goers Cooperation）公司已经提供了 500 多种有关惯性技术测试的设备，其中 50 系列、51 系列、53 系列、57 系列空气轴承或精密机械轴承测试台均具有较高的精度，能够进行陀螺仪、加速度计和惯导系统的标定与测试工作，形成了一套完整的惯导测试体系。在此研究的基础上，CGC 公司又采用气体静压轴承的方式研制了中小型离心机，其研制的带双轴反转转台的 444C 型、445 型及 450 型离心机（三轴离心机）的加速度不确定度已达到 10^{-6} 量级，其结构示意图如图 1.81 所示。

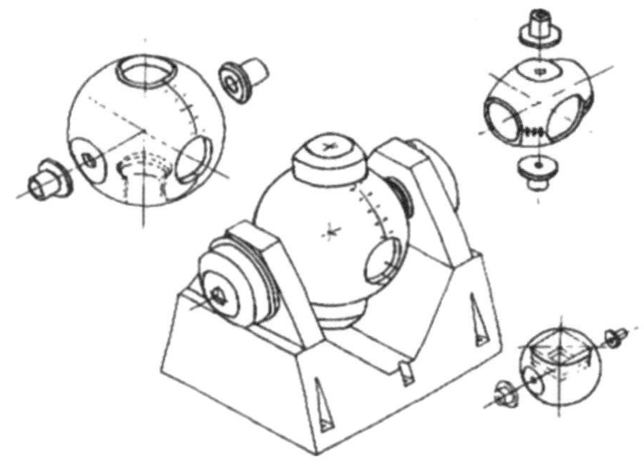

图 1.81　CGC 公司研制的中小型离心机结构示意图

美国 Holloman 空军基地的中央惯性制导实验室建立了一套惯导系统测试体系,其中精密离心机的加速度不确定度也可达到 10^{-6} 量级,其分度头采用多齿分度盘,定位精度可达 0.1″。

近年来以生产小型盘式离心机为主的 IA(Ideal Aerosmith)公司逐渐兴起,其所研制的 1068 系列精密离心机的最小半径只有 0.27 m,最大可以提供 1 000g 加速度,加速度不确定度为 2×10^{-6}。IA 公司研制的部分型号的精密离心机如图 1.82 所示。

(a)1221

(b)1231

图 1.82　IA 公司研制的部分型号精密离心机

(c)1068-1

(d)1068-2

图 1.82(续)

表 1.1 列出了美国精密离心机研究概况。

表 1.1 美国精密离心机研究概况

研制单位	型号	主要性能指标		
		半径/m	加速度范围	加速度不确定度
麻省理工学院	MIT/IL	9.81	$(0.25\sim100)g$	2×10^{-5}
GTC 公司		6.60	$(0.25\sim25)g$	5×10^{-6}
	G460	2.54	$(0.25\sim25)g$	5×10^{-6}
	G460S	2.54	$(0.25\sim25)g$	2.5×10^{-6}
CGC 公司	824CS	0.762 0	$(0.01\sim70)g$	1×10^{-5}
	444A	0.606 9	$(0.01\sim170)g$	2×10^{-5}
	444C	3.048 0	$(0.01\sim70)g$	5×10^{-5}
	450	0.150 0	$(5\sim50)g$	2×10^{-5}

表 1.1(续)

研制单位	型号	主要性能指标		
		半径/m	加速度范围	加速度不确定度
空军中心 惯性制导实验室		6.50	$(0.25\sim100)g$	1×10^{-6}
IA 公司	1221	0.63	$(0\sim250)g$	4×10^{-4}
	1231	1.11	$(0\sim200)g$	5×10^{-4}
	1068-1	0.56	$(0\sim100)g$	1×10^{-3}
	1068-2	0.26	$(0\sim1\ 000)g$	1×10^{-4}

2. 俄罗斯精密离心机

俄罗斯在土工离心机和载人离心机等领域的发展起步很早,同时它们的精密离心机也代表着世界最先进的水平。

在惯导测试的研究上,门捷列夫计量研究院和莫斯科的“转子”科研联合体是具有代表性的研究单位,其研究水平在一定程度上反映了俄罗斯惯性技术测试领域的实际水平,ДЦ-3 双轴精密离心机的结构图如图 1.83 所示。俄罗斯研制的离心机类型十分丰富,包括单轴精密离心机、双轴精密离心机和主轴可倾斜式精密离心机等,能够提供谐波和常值两类加速度。

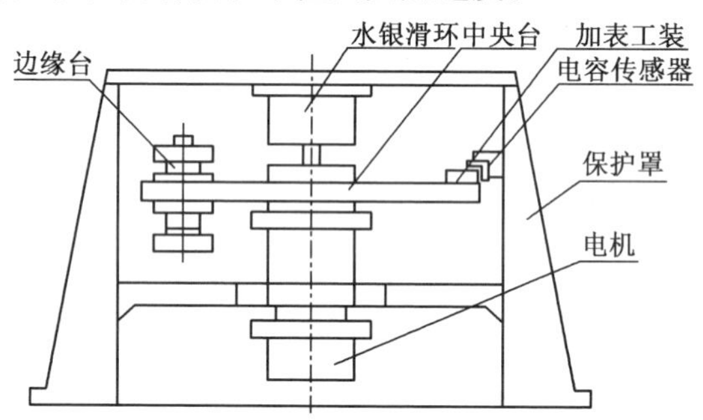

图 1.83　ДЦ-3 双轴精密离心机结构图

从旋转半径上看,俄罗斯研制的离心机多以中小型离心机为主,其中由门捷列夫计量研究院研制的主轴可倾斜式精密离心机的旋转半径仅为 0.15 m。从精度水平上看,俄罗斯研制的精密离心机的加速度不确定度普遍能够达到 10^{-5},其中由“转子”科研联合体研制的高精度离心机加速度不确定度能够达到 10^{-7}。根据现有的资料,俄罗斯在精密离心机上的研究概况见表 1.2。

表 1.2 俄罗斯精密离心机研究概况

研制单位	型号	主要性能指标		
		半径/m	加速度范围	加速度不确定度
门捷列夫计量研究院	POTOP	2.50	$(0.5\sim20)g$	1×10^{-5}
	HO－2	0.50	$(0.1\sim350)g$	$1\times10^{-4}\sim3.5\times10^{-1}$
	双轴	0.54	常值：$(10^{-5}\sim1)g$	$(1\sim2)\times10^{-4}$
			$(1\sim70)g$	$<10^{-5}$
			$(70\sim380)g$	10^{-4}
			谐波：$(10^{-4}\sim1)g$	2×10^{-5}
			$(1\sim30)g$	$(1\sim2)\times10^{-3}$
		2.70	$(0.25\sim25)g$	6×10^{-5}
		0.50	常值：$(0.1\sim380)g$ 谐波：$(0.1\sim50)g$	常值：1×10^{-3} 谐波：5×10^{-3}
	主轴可倾斜	0.15	常值：$(0.1\sim100)g$ 谐波：$(0.1\sim100)g$	常值：1×10^{-5} 谐波：5×10^{-6}
"转子"科研联合体	单轴	1.00	$(0.5\sim250)g$	$10^{-8}\sim10^{-7}$

3. 其他国家精密离心机

除了美国和俄罗斯之外，法国、日本和瑞士在精密离心机的研究上也取得了一定的成果，见表 1.3，其中，法国和日本以研制中型精密离心机为主。法国 ACTIDYN公司生产的 C 系列精密离心机能够进行加速度计精度校准、检测小型机电组件等工作，如图1.84 所示；日本国家航空航天实验室已研制出半径为 2.54 m，最大能够提供 $25g$ 加速度、加速度不确定度为 5×10^{-6} 的精密离心机；瑞士 ACUTRONIC 公司研制的 AC66 系列精密离心机如图 1.85 所示，此系列离心机可以达到最大 $100g$ 的加速度，负载范围达 60 kg，其中 AC66－100－HP 为垂直平台，其他为水平平台。

表 1.3　法国、日本和瑞士精密离心机研究概况

研制单位	型号	主要性能指标		
		半径/m	加速度范围	加速度不确定度
法国 ACTIDYN 公司	C10	0.80	(0 ~ 50)g	1×10^{-2}
	C15	0.90	(0 ~ 50)g	1×10^{-2}
	C18 – DD	1.40	(0 ~ 200)g	5×10^{-3}
	C40 – DD	1.80	(0 ~ 100)g	2×10^{-3}
	C58 – DD	0.90	(0 ~ 50)g	1×10^{-4}
	C68 – 2	6.00	(0 ~ 80)g	2.5×10^{-3}
	C70 – 2 DD	4.00	(0 ~ 15)g	1×10^{-4}
	V67 – 4 – H	4.00	(5 ~ 80)g	1.25×10^{-3}
日本国家航空航天实验室	G – 460	2.54	(0.25 ~ 25)g	5×10^{-6}
瑞士 ACUTRONIC 公司	AC665	0.50	(0 ~ 20)g	5×10^{-5}
	AC66 – 100 – HP	1.00	(0 ~ 100)g	
	AC66 – 200 – HP	2.00	(0 ~ 50)g	
	AC66 – 300 – HP	3.00	(0 ~ 75)g	
	AC66 – 400 – HP	4.00	(0 ~ 100)g	

(a)C10

图 1.84　法国 ACTIDYN 公司研制的系列精密离心机

(b)C15

(c)C18-DD

(d)C40-DD

图 1.84(续)

(e)C58-DD

(f)C68-2

(g)C70-2 DD

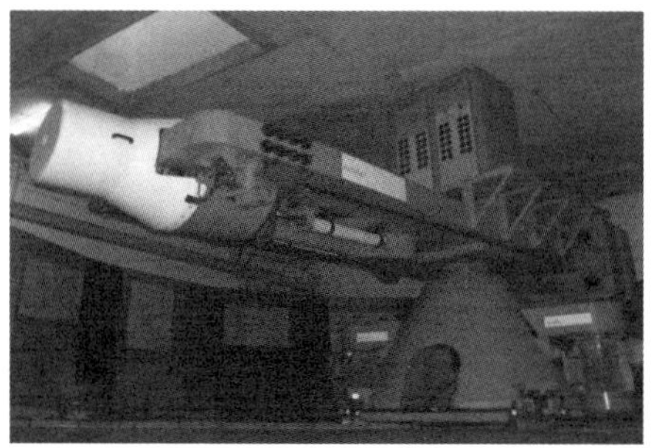

(h)V67-4-H

图 1.84(续)

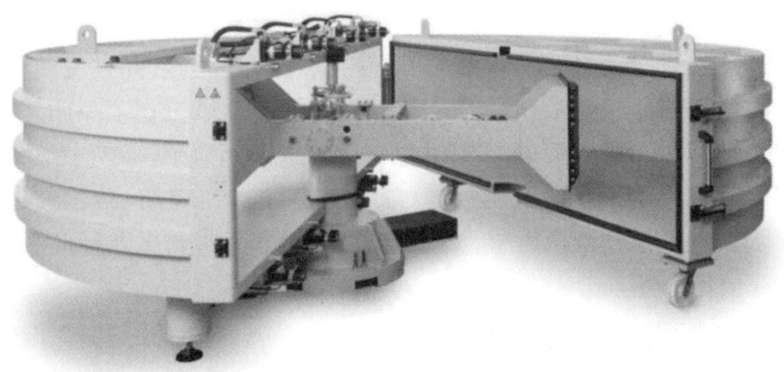
(a)AC66-100-HP

(b)AC66-200-HP

(c)AC66-400-HP

图1.85　瑞士 ACUTRONIC 公司研制的 AC66 系列精密离心机

1.3.2　我国精密离心机发展概况

相较于很早便开始着手于精密离心机研制的美国和俄罗斯,我国在精密离心机上的研究起步较晚，但经过几十年的发展，已经掌握了精密离心机研制的关键技术，培养了一批技术骨干，积累了丰富的工程实践经验，并且发展势头迅猛，使得我国的精密离心机技术在世界精密离心机研制领域占据了一席之地。目前已知的从事精密离心机研究的主要单位有北京长城计量测试技术研究所、中国工程物理研究院总体工程研究所、北京航天控制仪器研究所、哈尔滨工业大学、中国科学院长春光学精密机械与物理研究所等。下面对其中几种典型的精密离心机进行简要的介绍。

1. L－2H 精密离心机

L－2H 精密离心机（图 1.86）由钱学森主导立项，是我国自 1960 年开始自主研发的大型桁架式长臂精密离心机。该离心机系统主要由离心机主机、静压轴承供油系统、指令系统、稳速系统（包括机电联锁保护）、转速测量系统、静动态半径测量系统、动态光学俯仰角测量系统、加速度计测试装置、计算机数据采集处理系统、离心机运转监控装置等部分组成，最大输出加速度为 $30g$，加速度不确定度为 1.5×10^{-5}。

图 1.86　L－2H 精密离心机

2. MCTR200 型精密离心机

MCTR200 型精密离心机（图 1.87）由北京航天控制仪器研究所研制，离心机结构采用圆盘形式，由离心机主机、运动控制单元、转速测量单元、伺服驱动单元、动态半径测量单元、加速度计测试装置单元、离心机运转监控装置单元等部分组成，最大输出加速度为 $86g$，加速度不确定度为 5×10^{-6}。

图 1.87 MCTR200 型精密离心机

3. JML－I 型精密离心机

JML－I 型精密离心机由哈尔滨工业大学研制，采用臂式结构，是一台在大转臂末端装有带反转“鸟笼”的高端三轴精密离心机，其技术指标优于美国的 G460S 精密离心机。该离心机大臂末端装备的反转平台能够为陀螺仪、摆式积分陀螺加速度计等对角速率矢量敏感的高精度陀螺类仪表提供接近零转速的测试环境，最大输出加速度为 $25g$，加速度不确定度为 3×10^{-6}。

4. CTR200 型精密离心机

CTR200 型精密离心机是由哈尔滨工业大学研制的盘式精密离心机，用于测量加速度计的标度因数及非线性系数。该离心机采用大型中空圆盘式优质结构钢焊接结构作为离心机主负载台面、H 型空气静压轴承实现支承、斜槽交流无刷力矩电机实现驱动，负载安装基准台安装于负载盘两端半径位置，具有径向和切向基准靠面。该离心机最大输出加速度可达 $200g$，加速度不确定度为 1×10^{-5}。

5. JML－100G 型精密离心机

JML－100G 型精密离心机是由中国工程物理研究院总体工程研究所研制的小型盘式精密离心机。该离心机系统由 1 800 t 抗振一体化基座、精密机械系统、拖动控制系统、精密测量系统、校准应用系统、精密运行环境包装系统等部分组成，最大输出加速度为 $100g$，加速度不确定度为 1.4×10^{-6}，处于国际先进水平。

本章参考文献

[1] 杨云，金绿松，郭文军，等. 离心机驱动结构回顾与展望[J]. 机械设计与制造工程，2000,29(5)：1-3,6.

[2] WIEDEMAN E. Die rotoren und zellen der vollautomatschen ultrazen trifuge [J]. Z. Instrumentenkunde, 1966, 174(6): 185-190.

[3] 张剑鸣. 离心分离设备技术现状与发展趋势[J]. 过滤与分离, 2014, 24(2): 1-4,25.

[4] 李凯, 王宏, 朱恂, 等. 流体转杯离心粒化特性试验[J]. 钢铁, 2014, 49(10): 95-99.

[5] PAN S S. The development of piling equipment for running centrifuges and research on centrifugal experiment of pile foundation[D]. Beijing: Tsinghua University, 1995.

[6] 毕芬芬, 赵星宇. 地质工程中物理模拟方法综述[J]. 长春工程学院学报(自然科学版), 2012,13(3): 78-82.

[7] TAYLOR R N. Geotechnical centrifuge technology[M]. London:CRC Press,1994.

[8] BUCKY P B. The use of models for the study of mining problems[J]. Am. Inst. Met. Eng. Tech. Pub., 1931, 425: 28-30.

[9] 朱维新. 土工离心机模型实验研究概况[J]. 岩土工程学报, 1986, 8(2): 82-95.

[10] SCHOFIELD A N. Dynamic and earthquake geotechnical centrifuge modeling [C]. St. Louis: Intern Conf on Recent Advances in Geotechnical Earthquake Engineering and Soil Dynamics, 1981: 1081-1100.

[11] 赵玉虎, 罗昭宇, 林明. 土工离心机研制概述[J]. 装备环境工程, 2015, 12(5): 19-27.

[12] 程永辉, 李青云, 饶锡保, 等. 长江科学院土工离心机的应用与发展[J]. 长江科学院院报, 2011, 28(10): 141-147.

[13] 濮家骝. 土工离心机模型实验及其应用的发展趋势[J]. 岩土工程学报, 1996, 18(5): 92-94.

[14] DOU Y, JING P. Development of NHRI - 400 $g-t$ geotechnical centrifuge [C]. International Cnference Centrifuge,1994:69-74.

[15] 林明. 150 $g-t$ 土工离心机研制[C]//土工测试技术实践与发展. 第24届全国土工测试学术研讨会论文集. 南京:黄河水利出版社, 2005.

[16] 詹长录, 耿喜臣, 张五星, 等. 关于建立离心机评价抗荷装备规范的技术考虑[J]. 航天医学与医学工程, 1999, 12(6): 441-445.

[17] 中国人民解放军总装备部军事训练教材编辑工作委员会. 航天重力生理学与医学[M]. 北京:国防工业出版社, 2001.

[18] 姚永杰, 司高潮. 当代载人离心机的现状与发展趋势[J]. 空军医学杂志, 2012, 28(1): 60.

[19] 刘巍, 冯雪梅, 邓金辉, 等. 载人离心机测控系统研制[J]. 航天医学与

医学工程, 2003, 16(3): 193-195.

[20] 陆惠良. 载人离心机及其应用[M]. 北京:国防工业出版社, 2004.

[21] 贾普照. 稳态加速度模拟试验设备:离心机概论与设计[M]. 北京:国防工业出版社, 2013.

[22] CROSBIE R, KIEFER D. Controlling the human centrifuge as a force and motion platform for the dynamic flight simulator[C]//Proceeding of the AIAA Flight Simulation Conference,St Louis,MO,AIAA paper. 1985:85-1742.

[23] 宋琼, 胡荣华. 动态飞行模拟器及其发展概述[J]. 装备环境工程, 2015, 12(5): 11-18.

[24] 张舒, 苏洪余. 航空航天医学史[M]. 西安: 第四军医大学出版社, 2013.

[25] 陈信, 袁修干. 人-机-环境系统工程生理学基础[M]. 北京: 北京航空航天大学出版社, 2000.

[26] 黎启胜, 许元恒, 罗龙. 科学试验用离心机发展综述[J]. 装备环境工程, 2015, 12(5): 1-10,87.

[27] IEEE Recommended practice for precision centrifuge testing of linear accelerometers [S]. IEEE,2001.

[28] 潘圣浩. 精密离心机卸荷系统的研究与设计[D]. 哈尔滨:哈尔滨工业大学, 2007.

[29] 刘洪丰, 王雷, 任多立,等. 门捷列夫计量院双轴精密离心机[J]. 导航与控制, 2003, 10(2): 73-76.

[30] 吴梦旋. 惯性仪表高阶误差模型系数在精密离心机上的测试方法[D]. 哈尔滨:哈尔滨工业大学, 2017.

[31] 杨明, 汤莉, 张春京, 等. 精密离心机的现状与未来[J]. 导航定位与授时, 2016, 3(5): 17-21.

[32] 房振勇, 吴广玉. 国内外惯导用中型精密离心机"鸟笼"的发展现状比较分析[J]. 中国惯性技术学报, 2003, 11(2): 70-74.

[33] 唐贤丰,宋琼. 会当凌绝顶——中物院总体所科学试验用离心机研制技术发展综述[J]. 国防科技工业,2015(7):58-60.

第2章

精密离心机的结构

2.1 精密离心机结构分类

精密离心机在结构上有多种分类方式，鉴于其多样性，本书从不同角度对精密离心机的结构进行分类。

1. 按机械结构形式分类

常用的精密离心机按机械结构形式一般分为臂式精密离心机及盘式精密离心机。臂式精密离心机的优点是负载质量大、尺寸大、转臂长、转速较慢，工作半径的测量精度高、加速度不确定度水平较高；缺点是转子惯量大，结构设计和安装复杂，转臂俯仰角和方位角变化大，需要测量动态俯仰角和方位角，经济投入和运行成本也较高。臂式精密离心机的典型代表是美国麻省理工学院的 MIT/IL 型精密离心机（半径为 9.81 m）、美国 GTC 公司的 G460 型精密离心机（半径为 2.54 m）及北京航天控制仪器研究所的 L－2H 型精密离心机（半径为 3.4 m）。盘式精密离心机的转子惯量小、结构简单、成本较低，但转臂较短，要获得同样大小的加速度，就必须提高其转速。另外，由于盘式精密离心机的转臂短，对动态半径测试误差的影响往往较大。盘式精密离心机的典型代表是俄罗斯门捷列夫计量研究院惯性测量基准体系实验室的 CHP 型精密离心机（半径为 1 m）及中国工程物理研究院总体工程所的 JML－100G 型精密离心机（半径为 1 m）。

2. 按轴系采用的支承技术分类

按照轴系采用的支承技术，精密离心机可分为机械滚动轴承支承的精密离心机、液体静压轴承支承的精密离心机和空气静压轴承支承的精密离心机。

(1)机械滚动轴承支承的精密离心机。

滚动轴承支承技术最为成熟，承载能力最大；对动平衡指标要求不高；可靠性最高，维护保养最方便；轴系精度取决于轴承精度等级和轴系零部件的加工与装调精度；摩擦力矩较大，但对高速轴系影响不大。

(2)液体静压轴承支承的精密离心机。

液体静压轴承支承承载能力较大；具有一定的误差均化效应，轴系回转精度较高；摩擦力矩较小；对动平衡指标要求很高；工作过程中存在温升，会在一定程度上影响轴系的刚度；存在液压油泄漏的危险，可能会对实验室环境造成一定的威胁；维护和保养成本较高。

(3)空气静压轴承支承的精密离心机。

空气静压轴承的轴系回转精度较高；摩擦力矩较小，甚至可以忽略不计；承载能力较小；对动平衡指标要求很高；研制成本很高；维护保养成本较高。

3. 按轴系数量和功能分类

按照是否具有反转平台，精密离心机可分为不带反转平台的单轴精密离心机、带反转平台的双轴精密离心机、倾斜轴精密离心机和三轴精密离心机等，如图2.1所示。

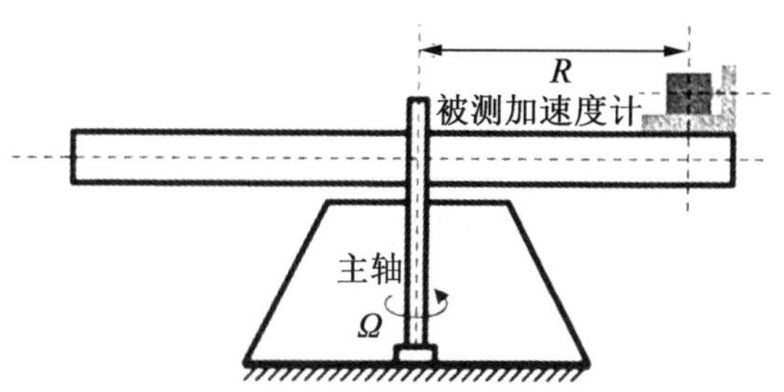

(a)不带反转平台的单轴精密离心机

图2.1　不同轴系数量和功能的精密离心机

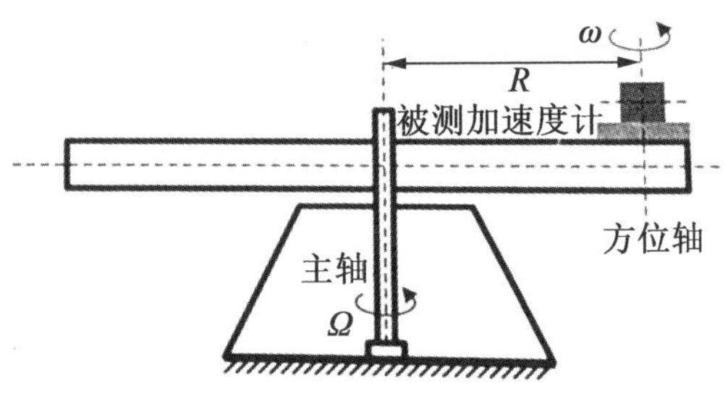

(b)带反转平台的双轴精密离心机

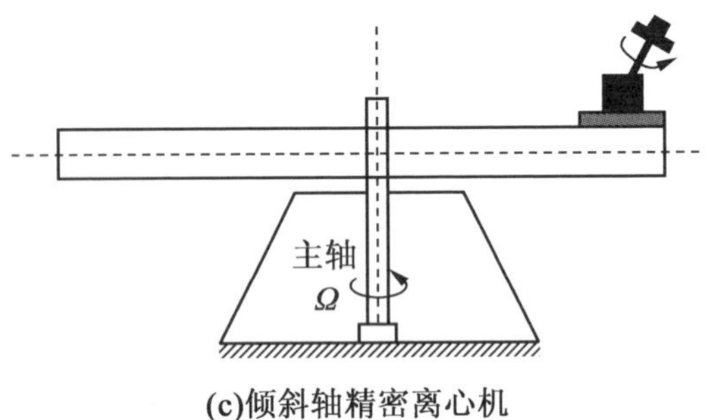

(c)倾斜轴精密离心机

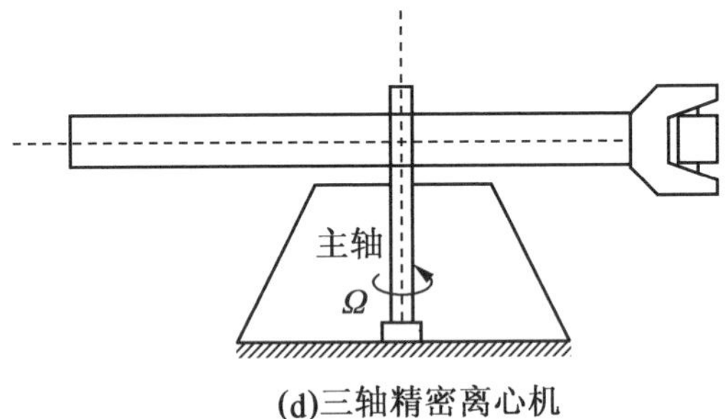

(d)三轴精密离心机

图 2.1(续)

单轴精密离心机是用于测试惯导加速度计最简单的离心机。双轴精密离心机在主轴测试端带有一个单轴转台,反转平台安装在精密离心机的负载部位,其主轴和方位轴(反转平台)可以同时旋转。当精密离心机的主轴与反转平台以大小相同、方向相反的角速率同时转动时,安装于反转平台的被测件的角运动被抵消。这种运动形式会在反转平台的加速度计敏感方向产生周期性正弦曲线的输入,因此这种精密离心机还可以用来做加速度计的线振动试验。倾斜轴精密离心机测试端的结构比较复杂,一般情况下,测试端相当于一个双轴转台,既可绕水平轴旋转到某一固定位置,又可绕方位轴旋转到某一固定位置,还可绕方位轴

连续旋转,因此可以实现更多的功能。三轴精密离心机(如美国 CGC 公司的444C 型精密离心机)测试端有一个双轴转台,既可绕与主轴垂直相交的水平轴旋转到某一固定位置,又可绕与水平轴正交的方位轴旋转到某一固定位置,还可绕水平轴和方位轴同时连续旋转。

4. 按系统是否带有温控箱分类

按照系统是否带有温控箱,精密离心机可分为带温控箱的精密离心机和不带温控箱的精密离心机。在精密离心机的基础上增加温控箱,能够对被测试件进行全温度域的性能测试,功能集成度更高。

2.2　精密离心机精度分析

为了进行高精度惯性仪表的校准试验,精密离心机需要为惯性仪表提供精准的加速度输入,精密离心机输出加速度的准确度和稳定度将直接影响惯性仪表的校准精度,因此有必要对精密离心机进行精度分析。采用精密离心机输出的加速度不确定度可以定量且较为全面地衡量精密离心机的精度。本节以机械滚动轴承支承的双轴臂式精密离心机为例,介绍影响加速度测量不确定度的主要因素,并给出加速度综合误差分析。

2.2.1　加速度综合误差分析

对于惯导测试使用的精密离心机,其核心在于提供精确的向心加速度值。根据力学原理,离心机所产生的向心加速度为

$$\alpha = \omega^2 R \tag{2.1}$$

式中　α——离心机产生的向心加速度,m/s^2;

ω——离心机的角速度,rad/s;

R——离心机的工作半径,即离心机回转中心至加速度计质量中心的距离,m。

在离心试验中,试验精度受多种因素影响:由于加速度计的安装误差及动态失准角的变化,将引入重力加速度分量误差;离心机的动态半径变化也会使离心机实际产生的向心加速度偏离理论值。此外,试验精度还受天体引力、地球自转、测量基座的运动噪声等干扰输入的影响。为了消除上述干扰对离心机试验精度的影响,需要采取隔振措施把基座的运动噪声幅值限制在允许的范围内,并通过离心机的正反转试验求平均值的方法消除地球自转的影响。

当进行加速度计校准时，作用在加速度计输入轴方向上的加速度可以表示为

$$\alpha = \omega^2 R\cos A\cos B + g\sin A + g\sin C\sin \omega t \tag{2.2}$$

式中 A——向心加速度与加速度计输入轴在铅垂方向的失准角，即俯仰失准角，rad；

B——向心加速度与加速度计输入轴在水平方向的失准角，即方位失准角，rad；

C——主轴回转铅垂度，rad；

g——本地重力加速度，m/s^2；

t——时间，s。

由式(2.2)可以看出，要保证获得精确的向心加速度 α，应从以下几个方面的不确定度进行分析和综合：

(1)轴系速率的不确定度。

(2)工作半径(静态半径和动态半径)的不确定度。

(3)俯仰失准角的不确定度。

(4)方位失准角的不确定度。

(5)轴线铅垂度的不确定度。

依据式(2.2)，各分量不确定度的传递系数如下：

速率不确定度的传递系数为

$$c_1 = \frac{\partial\alpha}{\partial\omega} = 2\omega R\cos A\cos B + gt\sin C\cos \omega t \tag{2.3}$$

工作半径不确定度的传递系数为

$$c_2 = \frac{\partial\alpha}{\partial R} = \omega^2 R\cos A\cos B \tag{2.4}$$

俯仰失准角不确定度的传递系数为

$$c_3 = \frac{\partial\alpha}{\partial A} = g\cos A - \omega^2 R\sin A\cos B \tag{2.5}$$

方位失准角不确定度的传递系数为

$$c_4 = \frac{\partial\alpha}{\partial B} = -\omega^2 R\cos A\sin B \tag{2.6}$$

轴线铅垂度不确定度的传递系数为

$$c_5 = \frac{\partial\alpha}{\partial C} = g\cos C\sin \omega t \tag{2.7}$$

由于主轴回转铅垂度引入的重力场分量在每周内是零均值的，即

$$c_5 = \frac{\partial\alpha}{\partial C} = \int_0^T g\sin\,\omega t\mathrm{d}t \leqslant -\frac{2g}{\omega} \tag{2.8}$$

因此取

$$c_5 = -\frac{2g}{\omega} \tag{2.9}$$

则离心机加速度的合成标准不确定度为

$$u_c(\alpha) = \sqrt{c_1^2u^2(\omega) + c_2^2u^2(R) + c_3^2u^2(A) + c_4^2u^2(B) + c_5^2u^2(C)} \tag{2.10}$$

式(2.10)中,方位失准角不确定度对加速度误差的贡献很小,对离心机的精度等级而言可以忽略不计。忽略微小项后,基于式(2.2)的加速度相对变化率的表达式为

$$\frac{\Delta G}{G} = \frac{2\Delta\omega}{\omega} + \frac{\Delta R}{R} + \frac{g\sin\,A}{G} + \frac{g\sin\,C\sin\,\omega t}{G} \tag{2.11}$$

2.2.2　速率精度引入的误差分析

对于精密离心机,速率精度是引入加速度误差的主要因素之一。影响速率精度的主要因素有控制系统性能、电机的力矩波动、风阻力矩波动、摩擦力矩波动、反馈系统的误差等。速率不确定度以两倍的形式影响精密离心机输出加速度的精度,是加速度误差的主要来源之一。

2.2.3　工作半径引入的误差分析

工作半径不确定度也是精密离心机加速度误差的主要来源之一,其影响因素较多,下面将重点阐述几类引起工作半径变化的主要因素。

1. 回转臂的拉伸变形引入的加速度误差

无论离心机回转臂采用何种材料,在负载及自身惯性力的作用下,都不可避免地会发生拉伸变形,必须通过动态半径测量方法进行实时测量与补偿。

2. 主轴轴承径向跳动引入的加速度误差

(1)一次谐波径向跳动。

确定轴线旋转轴心的是轴承的滚道表面,而轴承的内孔则决定了轴颈的几何轴心位置。当内圈滚道(外表面)和内孔偏心时,如图 2.2(a)所示,偏心距为 e_1,则几何轴线将产生径向跳动。由于外圈一般固定不动,如图 2.2(b)所示,因此外圈滚道(内表面)与外圆面的偏心距 e_2 不会引起轴线的径向跳动。由于轴承内圈偏心造成的径向跳动以旋转一周为重复周期,因此会造成轴线沿半径方向的一次谐波变换,从而引起轴线沿固定水平径向坐标轴方向的位移为

$$y = e_1 \sin \omega t \tag{2.12}$$

加速度为

$$\alpha_{e_1} = \omega^2 e_1 \sin \omega t \tag{2.13}$$

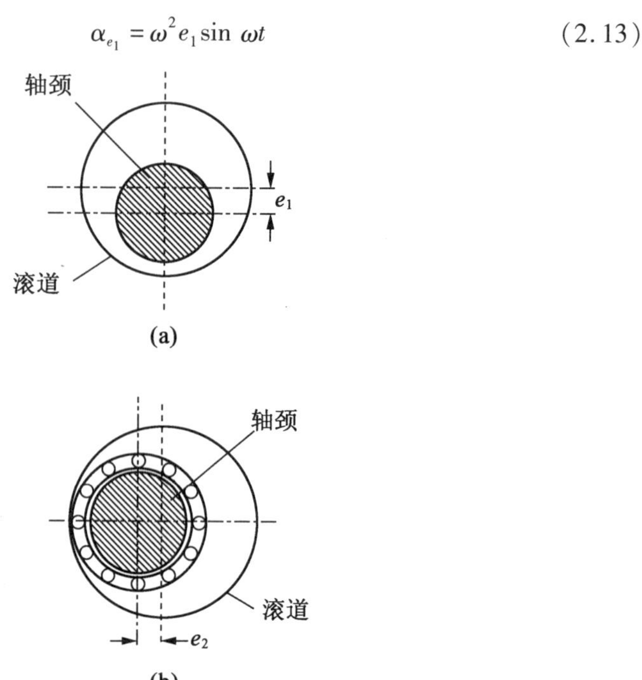

图 2.2　轴承滚道的偏心

(2)二次谐波径向跳动。

由于轴承自身的误差、轴承座和轴颈误差以及机械装配误差等,机械轴系可能会出现二次谐波误差,即轴线跳动呈“8”字形或里萨图形,此种情况称之为二次谐波径向跳动。

机械轴系装配好之后,其径向跳动是一次谐波径向跳动或者是二次谐波径向跳动。

3. 滚动体尺寸不一致或形状误差

若存在滚动体尺寸不一致或形状误差,每当最大滚动体通过承载区一次,就会使轴线发生一次最大的径向跳动。由此所引起的轴线径向跳动的周期取决于保持架的转速,而理论上保持架的转速是轴承内圈转速的一半,故轴线径向跳动为

$$y = e_3 \sin \frac{N\omega t}{2} \tag{2.14}$$

则由此引起的轴线向心加速度相对误差为

$$\frac{\Delta\alpha_3}{\omega^2 R}=\frac{\dfrac{N^2\omega^2 e_3}{4}\sin\,\omega t}{\omega^2 R}=\frac{N^2 e_3}{4R}\sin\,\omega t \tag{2.15}$$

以上两式中　N——最大滚动体数目；

e_3——滚动体的尺寸或形状误差，μm。

(1)轴承滚道与滚动体之间的间隙。

轴承滚道与滚动体之间的间隙使轴系在受到变化的外力时产生位移，从而使旋转轴线做复杂的周期运动，间隙越小，旋转轴线变动越小。角接触轴承采用预加载荷消除间隙，这不仅消除了间隙的影响，还提高了轴系组件的刚度，使旋转精度进一步提高。此种方法甚至会造成过盈，但过盈量不宜太大，否则将使摩擦力加大，影响速率的稳定性。在精密离心机中，为保证精度和刚度指标，需要保证没有间隙，因此不考虑由此引入的加速度误差。

(2)滚道的端面跳动。

轴系旋转一周，往复运动一次，相当于轴系中附加一个螺旋运动。在离心机主轴调整到严格铅垂的条件下，该结果只影响重力方向的加速度，而对向心加速度没有影响。但当精密离心机在铅垂方向上存在较大失准角时，轴承滚道的端面跳动就不能被忽视。

(3)轴颈及轴承座等零件精度的影响。

轴颈的尺寸和形状误差使轴承内圈(薄壁弹性元件)滚道产生相应的变形，形状误差还使轴承在各个方向的刚度变得不一致，从而使轴系工作时的旋转精度恶化。轴系两轴承支承轴颈的不同轴度还会引起主轴的径向跳动和轴线晃动，为此，在工程实施过程中，应采取严格的工艺和测试手段，将轴承支承轴颈的尺寸误差严格控制在很低的范围内。

调整轴承间隙用的轴承压紧环、过渡套、垫圈、主轴轴肩、轴承座空间等的端面垂直度，将使轴承装配后因受力不均匀而造成滚道畸变。因此，应采取必要的工艺和测试措施，保证这些零件的端面垂直度。

有必要指出，提高轴承精度是提高轴系组件精度的前提条件，但只有同时提高主轴、轴承座孔以及相关零件的精度，才可能获得更高的轴系旋转精度。

4. 回转台径向跳动引入的加速度误差

类似于主轴轴系，回转台也存在径向跳动，其分析过程与主轴轴承一次谐波径向跳动的分析过程相同。

5. 温度变化引入的加速度误差

在进行动态半径测量时，必须考虑温度对半径测量精度的影响。环境温度变化将从两个方面带来动态半径测量结果的不确定度，温度变化一方面会导致地基的膨缩，另一方面也会引起动态半径测量基座的运动，这些因素都会间接影响动态半径的测量精度。虽然可以通过测量温度变化对其进行补偿，但要做到精确补偿并不容易。

2.2.4 失准角引入的误差分析

1. 失准角测量误差引入的加速度误差

失准角通常包含两部分，即静态失准角和动态失准角。静态失准角是可以测量的，并作为系统误差进行补偿，而离心机运行过程中产生的动态失准角则必须通过实时测试进行补偿。

2. 轴线晃动引入的加速度误差

对于机械轴系，主轴轴线和回转台轴线的晃动都将引入加速度误差。因此，应当将晃动量控制在一定的范围内。

2.2.5 轴线垂直度引入的误差分析

主轴和回转台的垂直度都会影响离心机的加速度精度。回转中心线与地垂线不重合引入的分量是一个交变分量，也就是说在每周是零均值的。精密离心机主轴和回转台的中心线与地垂线的角偏差应控制在一定的范围内。

2.3 盘式精密离心机结构设计

盘式精密离心机的转子质量相对较小，主要以小型圆盘式精密离心机为主，具有结构简单、成本低、风阻特性好等优点。但是，根据旋转运动的基本原理，相对半径较小的盘式离心机如果想要获得同样大小的加速度，就必须提高离心机的转速。在精密离心机高速转动时，陀螺加速度计在外环轴方向会附加陀螺干扰力矩，从而影响它的输出精度，因此盘式精密离心机不适用于检定陀螺加速度计。此外，由于盘式精密离心机的转臂较短，对动态半径测试误差的影响较大，故主要用于 K_2 项（加速度计误差模型中二阶非线性误差系数）和交叉耦合二次项 K_{ip}（加速度计输入轴与摆轴交叉耦合项系数）、K_{io}（加速度计输入轴与输出轴

交叉耦合项系数)或陀螺与加速度有关二阶项的测试和标定。

2.3.1　总体结构设计

CTR200 型盘式精密离心机的机械本体主要由基座、气体静压主轴及轴系部件、交流永磁无刷力矩电机、负载盘、支承负载的小台面、动平衡机构、码盘测角元件、电容测微仪测量系统、负载和整流罩等组成。盘式精密离心机总体结构示意图如图 2.3 所示。

图 2.3　盘式精密离心机总体结构示意图

1. 回转盘结构设计

盘式精密离心机的负载盘由回转盘和负载安装台面组合而成,其结构合理性将直接影响设备驱动电机的额定功率,进而影响设备的速率稳定性和电磁兼容性等指标,同时也直接影响失准角大小,从而影响加速度计的标定精度。

盘式精密离心机的回转半径取决于回转盘的半径,回转盘实体模型如图 2.4 所示。系统的负载、支承负载的台面以及径向测微仪的敏感块被安装在回转盘的盘体上。回转盘内部结构透视图如图 2.5 所示,可以看出,回转盘采用一个主梁充当精密离心机的双臂。为了减轻主轴系统的转动惯量,同时降低风阻力矩,提高系统的测试精度,可选用整流罩式的盘式结构,负载盘采用中空一体化焊接圆盘结构;主支承方向上下表面采用 20 mm 厚的钢板作为蒙皮,在提供主要的抗弯刚度的同时能够减小失准角;主支承方向立面内采用 40 mm 和3 mm厚的 4 条立筋和 2 条肋条,并按上、下、左、右对称分布,提供主要的抗拉刚度;非主要承力方向上下表面采用 3 mm 厚的钢板作为蒙皮,径向采用 12 mm 厚的钢板立筋,外圆柱表面采用 10 mm 厚的钢板作为降低风阻的整流罩。

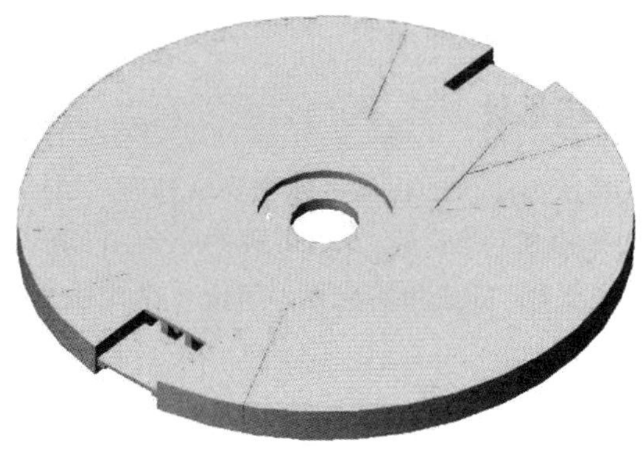

图 2.4　回转盘实体模型

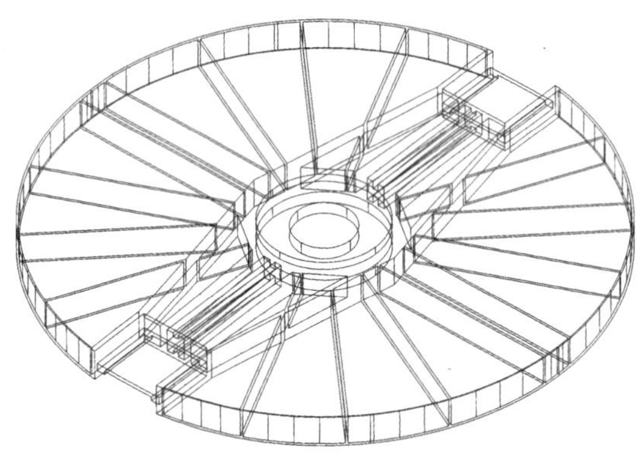

图 2.5　回转盘内部结构透视图

2. 整流罩结构设计

为降低离心机在运行过程中的风阻力矩、风阻对被测加速度计的扰动、风阻扰动带来的速率波动和风阻引起的温度场波动等，需要给离心机负载盘组件增设如图 2.6 所示的整流罩。整流罩采用泡沫夹层复合板结构，即它们的表面蒙皮采用 1 mm 厚的钢板，内部通过发泡技术填充塑料泡沫。在制作过程中蒙皮之间铺设一定数量的隔构肋条，这些肋条提供局部抗压强度和刚度。泡沫填料提供吸收机械振动和噪声等功能，并在一定程度上起到使整流罩内部温度恒定的作用。整流罩由三角形布局的型钢结构钢架支承，钢架采用长方形钢管连接而成，同时可为导电滑环提供走线通道。

图 2.6　整流罩

3. 负载安装台面结构设计

盘式精密离心机的负载安装台面安装在回转盘的盘体上，如图 2.7 所示，台面材料采用优质结构钢，中间加工出一条矩形槽为径向定位靠面，作为负载安装时指向离心机主轴轴线的基准。同时，在靠近径向位移测量块的一侧，再加工出一个切向定位靠面。与径向靠面平行，设计两条“T”形槽作为加速度计的夹紧环节。最后通过精密研磨，保证负载安装台面的平整度。

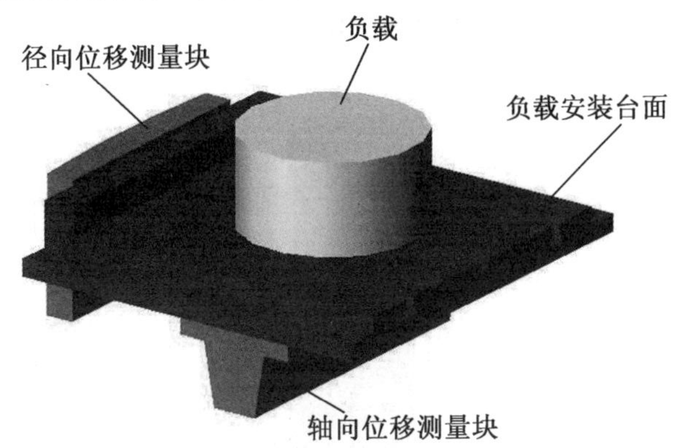

图 2.7　负载安装台面结构

2.3.2　空气静压轴承设计

静压气体润滑轴承包括止推轴承、径向轴承、球面轴承及圆锥轴承四类。盘式精密离心机的空气静压轴承主轴采用双止推轴承与双径向轴承的形式，该结构形式具有刚度大、工艺性好、加工精度高等特点。以截流方式划分，静压气体轴承可以分为环面节流型、缝隙节流型、毛细孔节流型及小孔节流型，其中小孔节流型工艺性好、刚度大、承载能力高。因此,盘式精密离心机的空气静压轴承主轴采用小孔节流型。

盘式精密离心机采用空气静压轴承作为主轴轴系的支承元件,具有“H”形和“T”形两种结构,分别如图 2.8 和图 2.9 所示。“T”形结构主要用于仪器设备的精密回转基准,承载能力较小;“H”形结构主要用于大载荷、大刚度的加工设备、仿真设备等。由于盘式精密离心机经常处于大过载状态,因此适合采用“H”形结构作为空气静压轴承主轴,其外形和剖面图如图 2.10 所示。

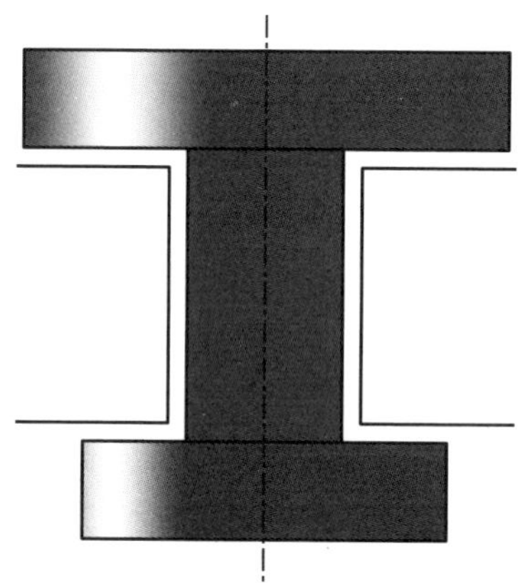

图 2.8 “H”形结构

图 2.9 “T”形结构

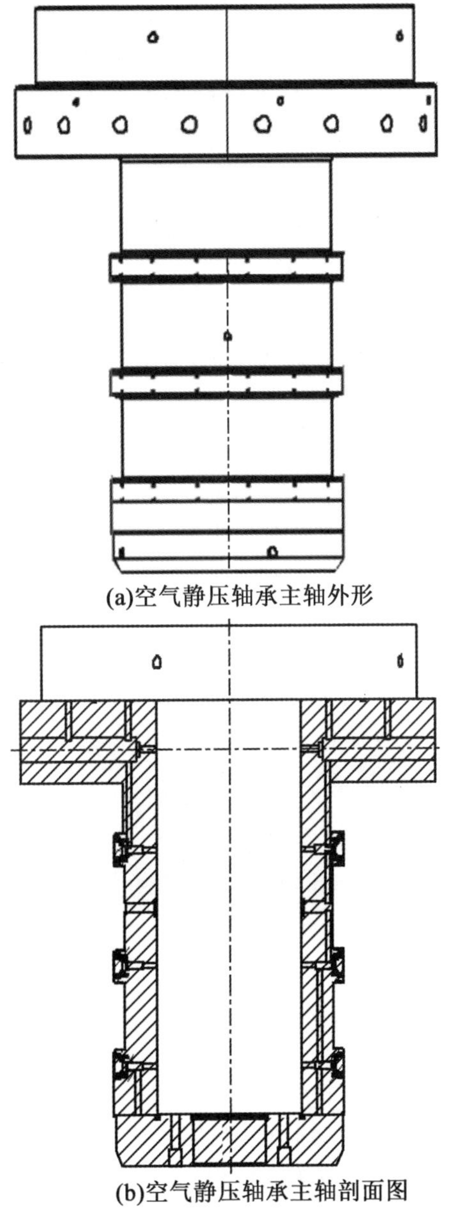

(a)空气静压轴承主轴外形

(b)空气静压轴承主轴剖面图

图 2.10　空气静压轴承主轴的外形和剖面图

空气静压轴承具有极强的误差均化效应，精度高、无高频振动、运行平稳、无摩擦、无磨损、不发热，有良好的自洁性和自我冷却性能；同时，供气系统简单，并可在户外使用。目前，静压气体润滑轴承已经成为高精度回转轴系的首选，如高精度检测仪器(如高精度大型离心机、圆柱度仪、三轴速率仿真转台、大型中心偏检测仪等)、高精度加工设备(如超精密金刚石车床等)、高速电动主轴等。

CTR200 型盘式精密离心机空气静压轴承采用“H”形结构、小孔节流方式,该结构方式的刚度大,承载能力高。主结构材料采用 38CrMoAl,表面辉光离子氮化(硬度大于 HRC64),循环稳定化处理,采用超精密加工工艺和人工研磨的方法,保证尺寸公差和形位公差。该材料工艺成熟,防锈性能好,性能稳定。

2.3.3 有限元分析

盘式精密离心机的主要承力件为负载盘,它们的变形情况分析是确保加速度精度指标的理论依据。

1. 负载盘的静态特性分析

采用有限元分析软件建立负载盘有限元分析模型,如图 2.11 所示。在建模过程中,按其各部分的结构形式、局部变化等因素对整个负载盘进行分区处理,单独对各个部分进行网格划分,局部单元进行细化。

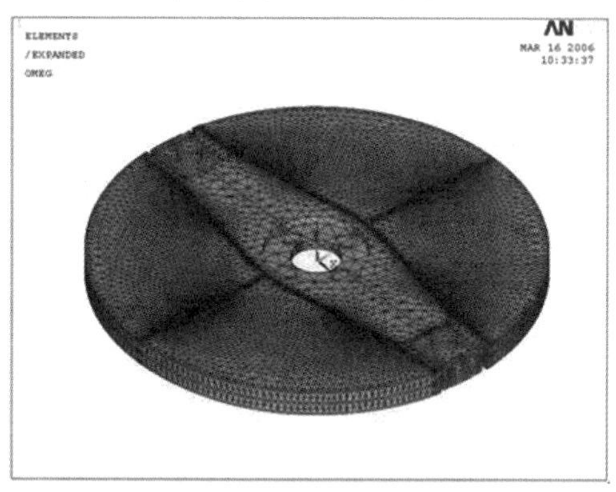

图 2.11 负载盘有限元分析模型

负载盘的负载为两个小台面,粘贴在负载盘回转半径的边缘,采用负载盘与离心机主轴相配合的内孔表面来约束其圆周方向上的位移,与精密离心机主轴连接的 20 个螺栓孔表面采用固支方式约束。

定义坐标系径向为 X 方向,切向为 Y 方向,回转轴线方向为 Z 方向,在图 2.11所示的有限元模型上施加过载角速度,利用迭代便可以得到沿 X、Y、Z 方向的变形情况和总体变形情况,如图 2.12 所示。

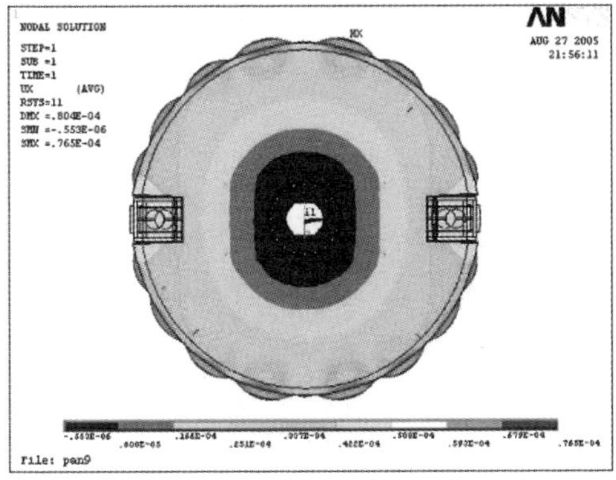

(a)负载盘沿X向变形情况

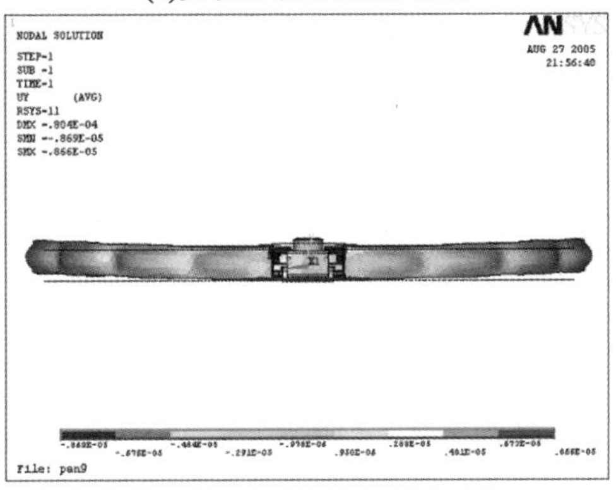

(b)负载盘沿Y向变形情况

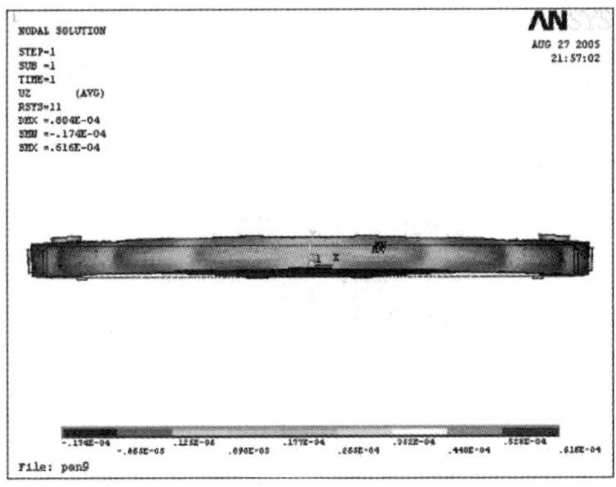

(c)负载盘沿Z向变形情况

图 2.12　负载盘变形情况

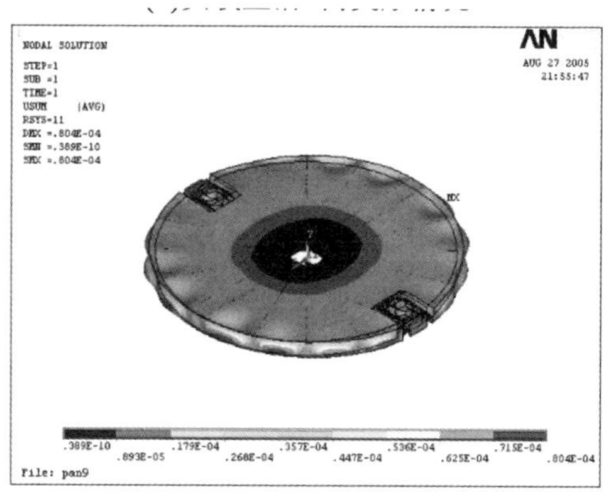

(d)负载盘的总体变形情况

图 **2.12**(续)

在有限元分析的过程中,通过将模型离散化得到负载盘组件的有限元模型,即可从中提取负载安装台面组件的特征节点,随后根据特征节点的分析结果可以计算出负载盘组件的动态半径和径向失准角。

2. 负载盘的动态特性分析

根据有限元分析模型、载荷、材料属性及约束条件,经过静态分析后可得到节点位移量和单元应力值。在此基础上对负载盘组件进行预应力的动态分析,通过计算得到负载盘的最低两阶振型,负载盘的第一阶振型和第二阶振型分别如图 2.13 和图 2.14 所示。

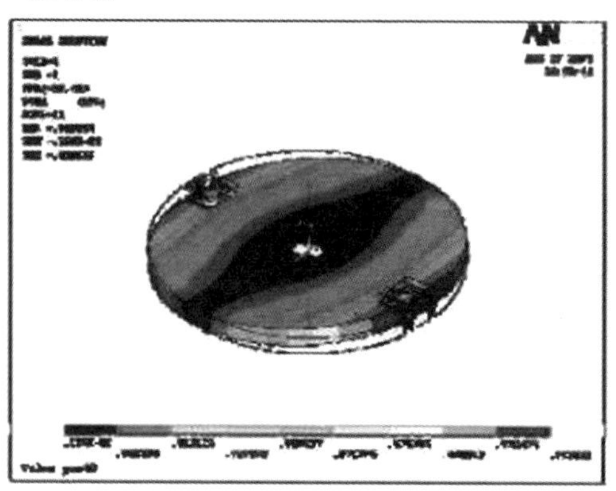

图 **2.13** 负载盘的第一阶振型

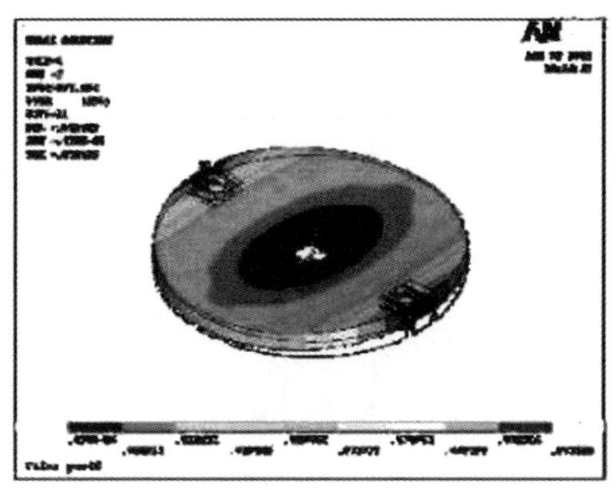

图2.14 负载盘的第二阶振型

2.3.4 动平衡调节方案

盘式精密离心机的动不平衡辨识提供了3套冗余方案,分别为:

(1)沿空气静压轴承上下两止推环法兰径向各布置2套微位移传感器及加速度传感器,并在上下轴承座的同一截面上各正交布置2套微位移传感器,通过以上4套微位移传感器测量离心机轴系沿径向的振动情况,通过谐波分析剔除轴系本身晃动的影响因素,与主轴测角元件结合即可解算动不平衡量的大小与方位。

(2)在空气静压轴承结构设计上,在下止推环法兰处留出轴线偏摆测试面,在该处正交布置2套微位移传感器,测试由动不平衡力偶引起的轴线晃动,通过谐波分析剔除下止推环法兰本身平面度误差的影响因素,通过与主轴测角元件结合来解算动不平衡量的大小与方位。

(3)在离心机基座上部靠近空气静压轴承的止推环法兰处,正交固定2套美国PCB公司生产的高灵敏度加速传感器,测量离心机整体的径向振动,与主轴测角元件结合实现动不平衡量大小与方位的解算。

根据动不平衡的测量结果,在负载盘上表面增加或减少机械配平质量块来进行动平衡的调节。

2.3.5 动态半径测量方案

如图2.15所示,动态半径可通过在小负载台面外侧安装一块圆弧形动态半径测量块,并在测量块外侧的固定支架上安装高精度微位移传感器来测量。通过这种结构,离心机负载盘组件在离心力和温度场中的尺寸变化都可以通过微位移传感器检测出来。

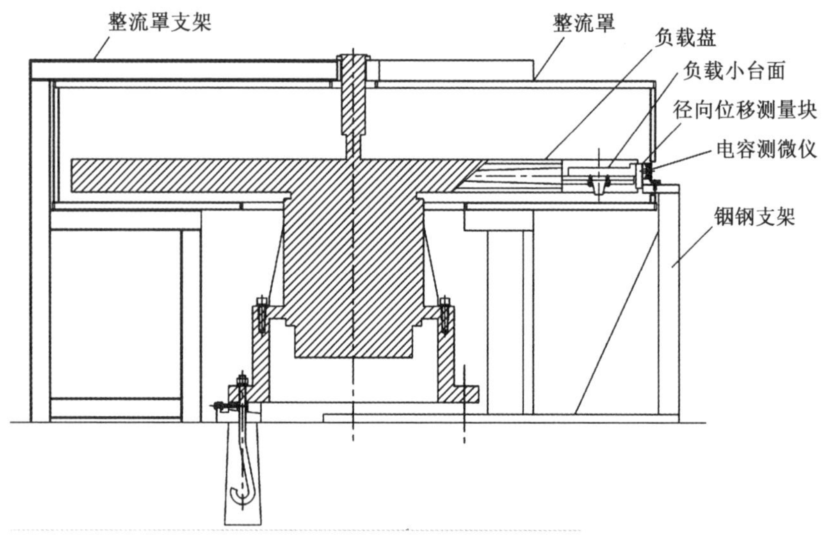

图 2.15　动态半径测量方案

为了通过测微仪检测动态半径随温度的变化情况，必须保证测微仪的安装支架相对离心机主轴平均回转轴线的距离不随温度场变化。为此，首先从离心机地基主轴平均回转轴线位置附近，通过一块铟钢钢板引出安装基准面，该铟钢钢板只在离心机主轴平均回转轴线附近与地基固定，并且不与离心机底座发生物理接触。在该铟钢钢板上安装一个高刚度铟钢结构的支架，在支架上表面安放电容测微仪。在温度场发生变化时，底部的铟钢钢板不随地基的温度变形发生变化，即微位移传感器相对主轴平均回转轴线的垂直距离不变，该方案中微位移传感器的空间高度随温度场的变化并不影响测量精度。

2.4　臂式精密离心机结构设计

臂式精密离心机主要以桁架式长臂精密离心机为主。相较于盘式精密离心机，臂式精密离心机具有负载质量大、尺寸大、转臂长、转速较慢、工作半径尺寸测量精度高、加速度精度高等优点。但是，通常臂式精密离心机的转子质量巨大，转臂俯仰角和方位角变化明显，结构设计与安装十分复杂；其对于轴系摩擦的要求也十分严格，往往需要气浮或液浮轴承支承；同时还需要测量动态俯仰角和方位角，投入的运行成本偏高。一般情况下，回转臂的结构形式主要取决于回转半径的大小，1 m 以内的回转半径可优先考虑盘式结构，大回转半径时则应首先考虑臂式结构。

2.4.1　总体结构设计

CTR30 型臂式精密离心机采用臂式结构，其系统主要由主轴、回转台、滑环、动平衡测量系统与调节装置、动态半径和失准角测量系统、卸荷机构、离心机控制系统、数据采集与处理系统、交流永磁无刷力矩电机系统、精密轴承等构成，其总体结构示意图如图 2.16 所示，其结构设计主要包括回转臂结构设计与回转台结构设计。

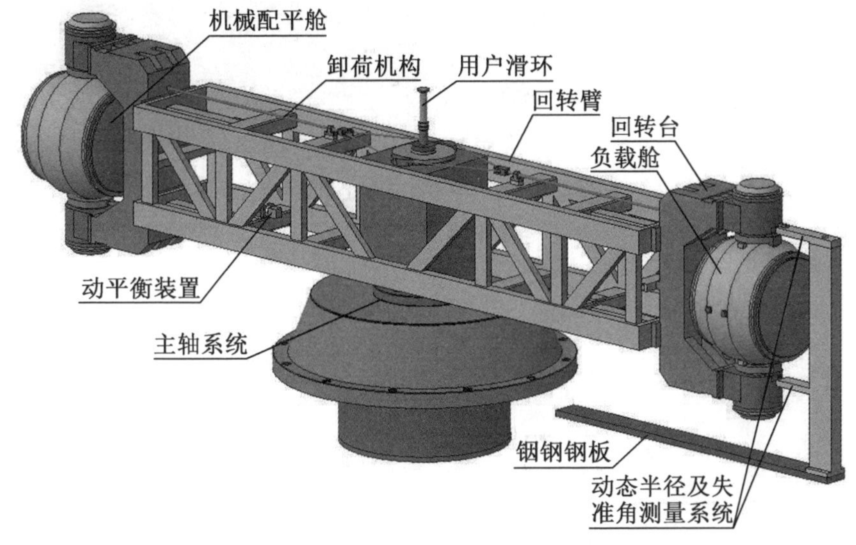

图 2.16　CTR30 型臂式精密离心机总体结构示意图

1. 回转臂结构设计

回转臂是臂式精密离心机的关键部件之一，其刚度特性是决定离心机动态半径和失准角的关键因素。

对于回转臂的工程材料，可供选取的材料主要有钢材以及包括碳纤维和玻璃纤维在内的复合材料。其中玻璃纤维的成本较低，但其弹性模量较小，不适合作为大载荷离心机回转臂的材料；碳纤维的比刚度和强度都具有很大优势，但成本很高。美国的 CGC 公司、瑞士的 ACUTRONIC 公司、法国的 Wulfurt 公司的臂式结构精密离心机均采用钢材，其中美国的 CGC 公司采用钢管结构，瑞士的 ACUTRONIC 公司、法国的 Wulfurt 公司采用钢架结构。

回转臂通常采用型材焊接钢架结构，这种方式可以在保证刚度和强度的前提下，获得较小的转动惯量，以减小主轴驱动电机的压力。回转臂与主轴连接部位采用焊接方箱结构，便于与钢梁之间进行焊接，同时与主轴的结合面便于加工，从而保证形位精度。回转臂的三维实体结构如图 2.17 所示，加整流罩后的三维实体结构如图 2.18 所示。

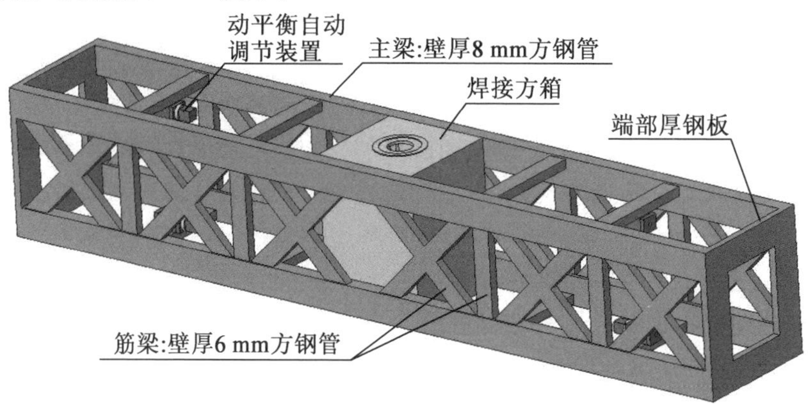

图 2.17　回转臂的三维实体结构

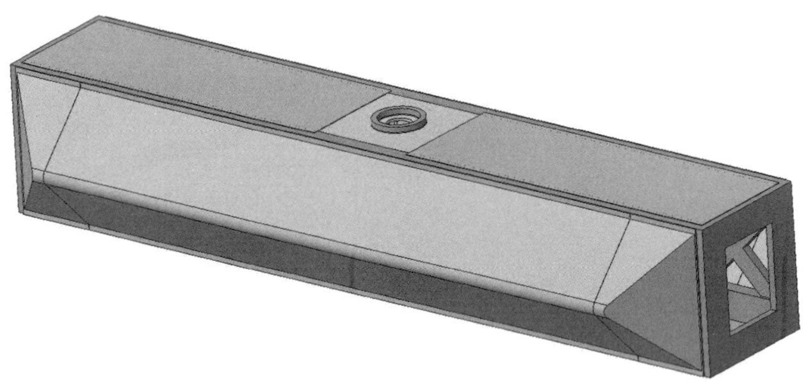

图 2.18　回转臂加整流罩后的三维实体结构

回转臂的 4 根主梁一般采用方钢管型材，主要用于承载径向拉力载荷和提供回转臂的主要抗弯刚度，钢管材料应保证其具有良好的焊接性能和热时效去应力性能。为进一步提高回转臂的抗弯刚度，4 根主梁之间在铅垂面上焊接“米”字形加强筋，以减小俯仰臂在重力载荷作用下的弯曲变形，即减小俯仰失准角。为提高回转臂在水平方向的抗弯刚度，在 4 根主梁之间的水平面上焊接支承筋。考虑到水平方向载荷较小，故不设斜拉筋。回转臂两端采用厚钢板，精加工后形成与回转台的连接界面，也可直接充当固定台面使用。为减小风阻和抑制空气涡流扰动，在回转臂前后迎风面设有轻质流线型整流罩，上下表面设有轻质蒙皮。

2. 回转台结构设计

臂式精密离心机将回转台安装在它的回转臂端,回转台的转轴与精密离心机的主轴平行,用于安装被测对象——加速度计及其工装的仪器舱。最早美国在惯导领域使用的 G460 型精密离心机的仪器舱是封闭的,外形与鸟笼相似,因此这类双轴反转平台也被称为“鸟笼”。

回转台结构设计应主要考虑以下几点:①离心机回转臂弯曲中性轴平面应尽量满足质量对称,使其对回转臂造成的离心力载荷对称,以保证理论上不引起失准角为设计准则;②结构布局方面要使负载离心力对回转台轴系不造成离心力偏载,即不会由此在回转台上产生失准角;③摩擦力矩要小,以保证回转台具有与离心机主轴相同的速率精度和位置精度;④便于配置绝对式编码器。

基于以上考虑,回转台采用滚子轴承对称布置、封闭负载舱的结构方案,如图 2.19 所示。

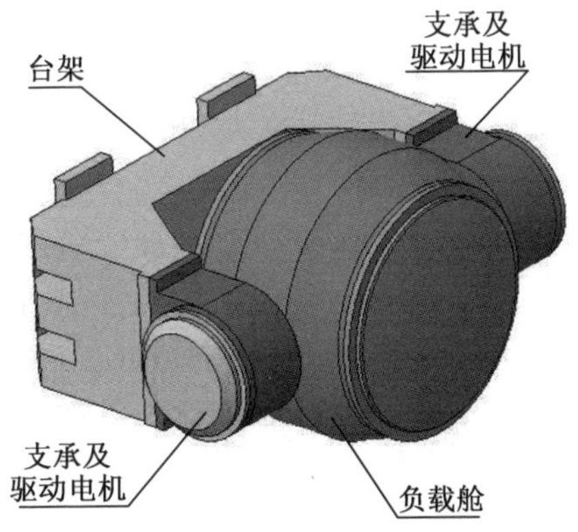

图 2.19 对称支承回转台设计方案

该结构具有如下特点:

(1)采用薄钢板焊接成圆形负载舱,负载舱两端采用球形封头,一方面为被试品提供封闭舱体,另一方面提高负载舱的抗弯刚度,减小其在离心力作用下的弯曲变形。

(2)负载舱上下两端连接耳轴,每端耳轴由一套双列圆柱滚子轴承和两套推力球轴承构成独立的复合支承。由于该离心机的离心力载荷非常大,因此选用径向刚度很高的双列圆柱滚子轴承。为提高轴系的回转精度,同时避免两端耳轴轴承在预紧过程中产生轴向力,造成负载舱的变形,两端耳轴轴承需单独消隙,为此采用两套推力球轴承实现轴向力卸荷。采用此种结构带来的另一个优点是在消隙过程中带来的轴承滚道变形量最小,可保证轴系回转精度较高,减小失准角。

(3)为实现两轴承座的高刚度和低惯性,两轴承座采用钢材焊接结构,材料选用焊接性能和热时效去应力性能良好的20#钢,依靠构型设计提高其刚度。

(4)为最大限度地减轻回转台支架的质量,该部件采用厚度为6 mm的方钢管焊接,表面焊接必要的钢板蒙皮,同样选用20#钢以提高该部件的抗拉刚度。

(5)在负载舱外部设置大小适当的机械配平块,实现回转台的动平衡功能。

(6)回转台支架与回转臂之间采用高强度螺钉连接。

2.4.2 滚动轴承支承设计

综合各种轴承支承方案的技术特点,考虑到桁架式离心机长臂转动部分规模庞大、质量巨大,且回转工作台对主轴造成不确定的扰动不易预测,从安全性、可靠性等方面考虑,选择滚动轴承作为主轴轴承的方案。主轴与回转臂连接部位为主承载部位,上端采用双列滚子轴承承载径向载荷,以一套双向推力角接触球轴承承载两个方向的轴向载荷,两套轴承通过与主轴一体化加工的螺母实现轴承的游隙调整;主轴下端采用双列滚子轴承承载径向载荷,同样通过一套与主轴一体化加工的螺母实现轴承游隙的调整;主轴两端配置两套微位移传感器用于动不平衡量的在线测试。

主轴材料一般可选用高精度轴系最常用的38CrMoAl,这种材料的热处理性能优良,在保证内应力非常小的同时,可以保证轴系的精度和稳定性。同时,与轴承配合的颈部和端部可通过表面渗氮淬火获得高硬度,提高轴系的装配精度。轴承座和底座等主承力件均采用吸振性能良好的灰色铸铁材料,以保证高的支承刚度和高的吸振阻尼系数。与轴承相关的零件在结构设计上均充分考虑了加工工艺性因素,便于采用精密研磨工艺,保证与轴承配合表面的圆柱度、铅垂度等形位精度以及获得光洁的配合表面。主轴上端部设有密封圈,保证灰尘等不会进入轴承腔室,保证轴承精度的稳定性。

2.4.3 有限元分析

在离心力载荷作用下,臂式精密离心机主要的承力件为回转臂和回转台,它们的变形情况分析是确保加速度精度指标的理论依据。

1. 回转臂组件模态分析

采用有限元分析软件建立回转臂系统的有限元分析模型,如图2.20所示。图中标记出了4个关键节点(P_1、P_2、P_3、P_3)的位置。负载及负载舱等以质量载荷的形式均匀分布在回转台4个轴承座上,回转臂与主轴连接部位单元约束5个自由度,只将绕离心机主轴回转的自由度设置为自由,重力加速度方向设置为工作状态。回转臂部件在铅垂和水平转动方向的最低两阶模态分析结果如图

2.21 和图 2.22 所示。

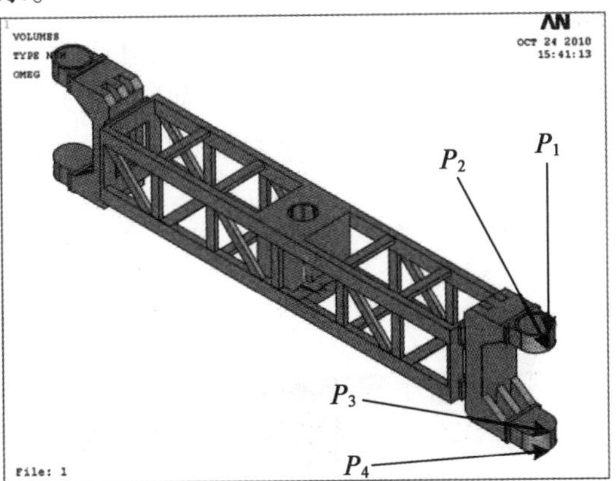

图 2.20　回转臂系统的有限元分析模型

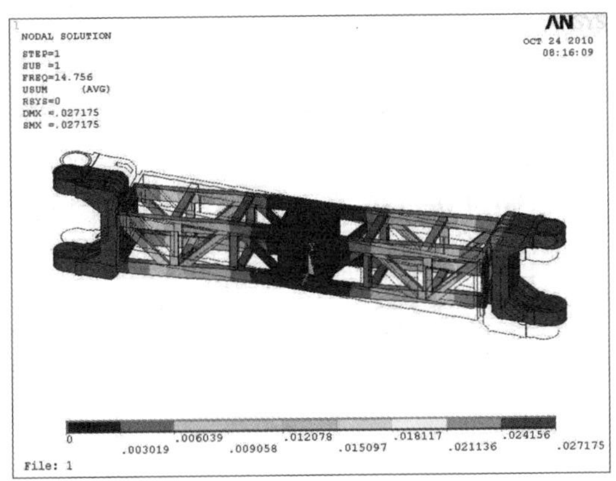

图 2.21　回转臂一阶模态

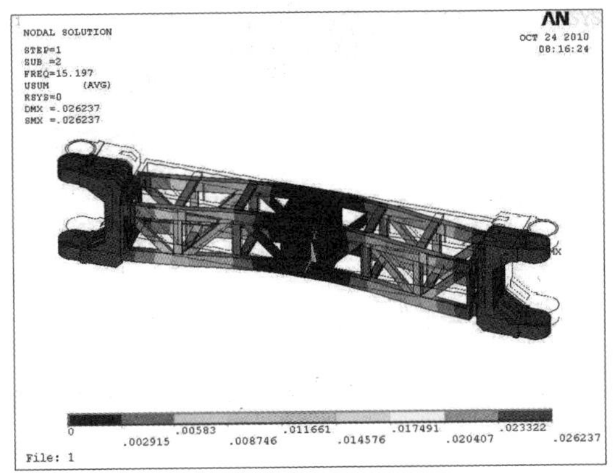

图 2.22　回转臂二阶模态

2. 重力场作用下回转臂部件的挠曲情况

分析重力场作用下回转臂部件挠曲情况的目的在于为回转台轴系初始铅垂度提供预测和装调依据。静态情况的变形情况如图 2.23 所示。由于重力场的作用,回转台轴线铅垂度产生变化,该铅垂度误差可以在回转台初始装配调整中加以补偿修正。

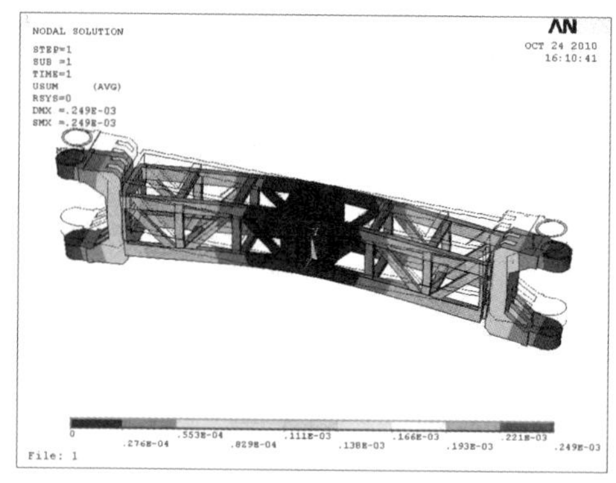

图 2.23 回转臂组件在重力场作用下的变形

3. 回转臂组件在不同过载条件下的变形情况及其影响

(1)不同过载条件下回转臂的变形情况。

不同过载条件下,回转臂组件的变形情况分析是了解离心机动态精度的必要手段。图2.24 所示为回转臂组件在不同过载条件下的变形情况。

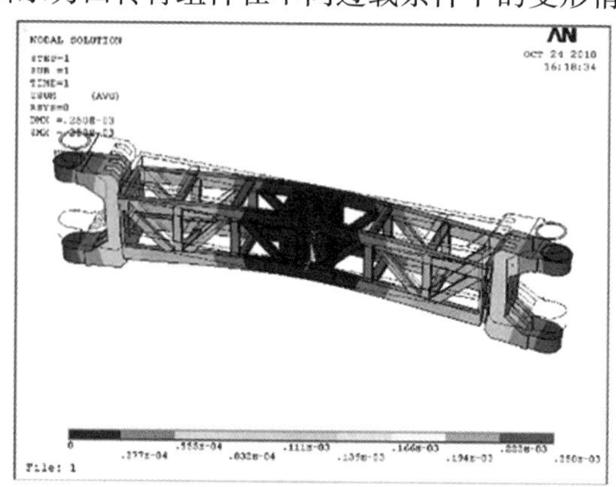

(a)回转臂组件在0.2g过载条件下的变形情况

图 2.24 回转臂组件在不同过载条件下的变形情况

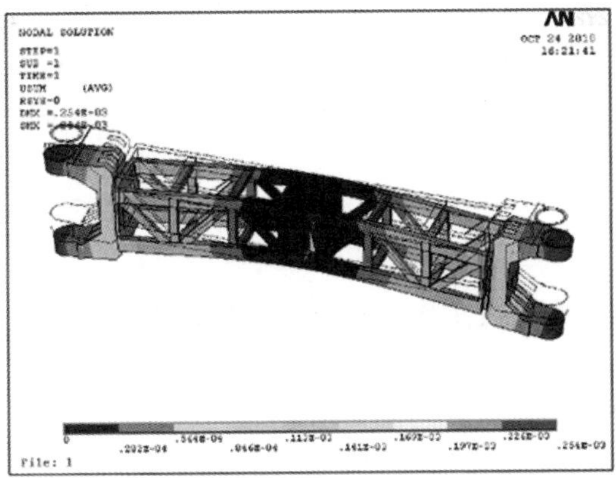

(b)回转臂组件在1g过载条件下的变形情况

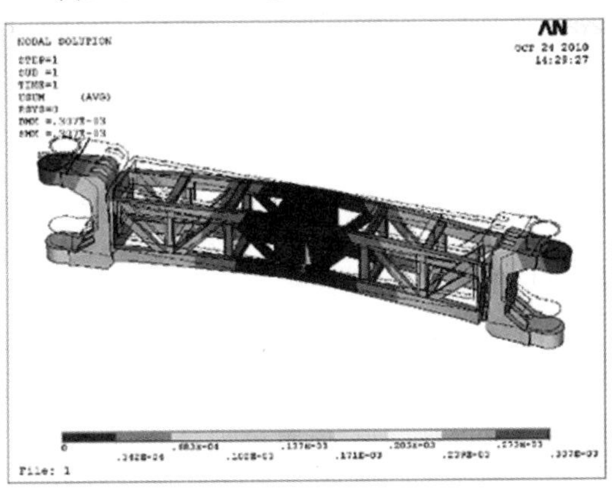

(c)回转臂组件在10g过载条件下的变形情况

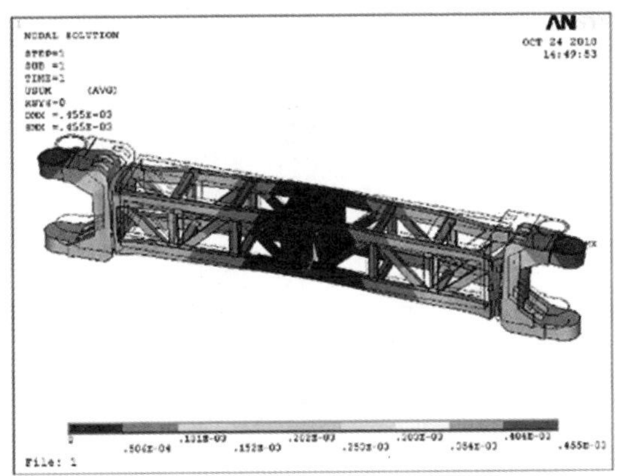

(d)回转臂组件在30g过载条件下的变形情况

图 **2.24**(续)

(2)不同过载条件下工作半径的变化量。

图2.20 中的P_2点和P_3点分别为动态半径和俯仰失准角的测量关键点,两点横向位移量x_{P_2}和x_{P_3}的平均值为工作半径的变化量,即不同过载条件下回转臂组件的拉伸变形为

$$\Delta R = \frac{x_{P_2} + x_{P_3}}{2} \tag{2.16}$$

在不同过载下,离心机工作半径的变化量在离心机工作过程中可由测微仪测出并得到补偿。

(3)不同过载条件下失准角的变化量。

不同过载条件下失准角的变化量也可从P_2点和P_3点的变形求出,即

$$\beta = \frac{x_{P_2} - x_{P_3}}{L} - \Delta\theta \tag{2.17}$$

式中 L——P_2点和P_3点之间的距离,m;

$\Delta\theta$——静态时的变形角度值,rad。

在不同过载条件下,回转臂组件拉伸变形引起的离心机俯仰失准角变化量在离心机工作过程中可由测微仪测出并得到补偿。由于回转台在设计时质量严格对称,因此回转臂组件的失准角很小。

(4)不同过载条件下负载舱组件的变形情况。

负载舱组件在不同过载条件下的变形情况如图 2.25 所示。可以看出,负载舱组件变形对称且均匀,线性特征很好,且数值比较小。该部分变形很难通过测量手段直接检测,而只能通过理论计算及离线测试将这些离线数据编制成数据表或曲线,在试验数据处理中加以理论补偿。

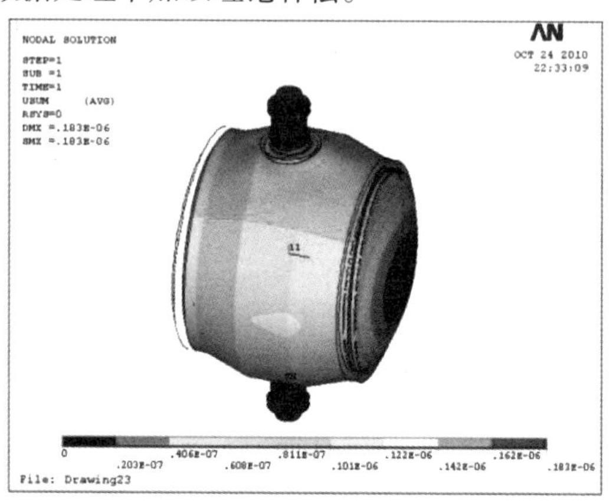

(a)负载舱组件在0.2g过载条件下的变形情况

图 2.25 负载舱组件在不同过载条件下的变形情况

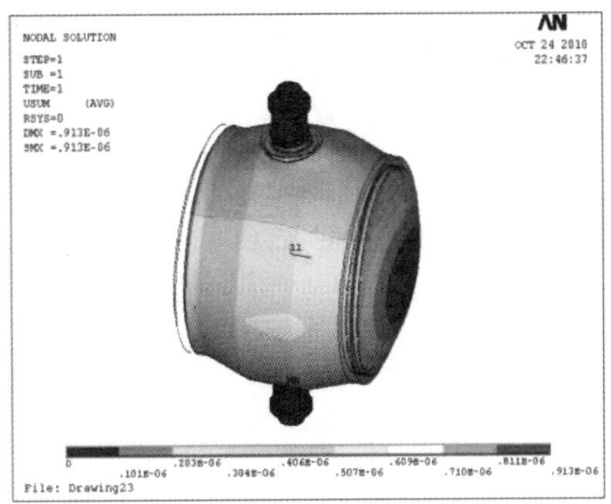

(b)负载舱组件在1g过载条件下的变形情况

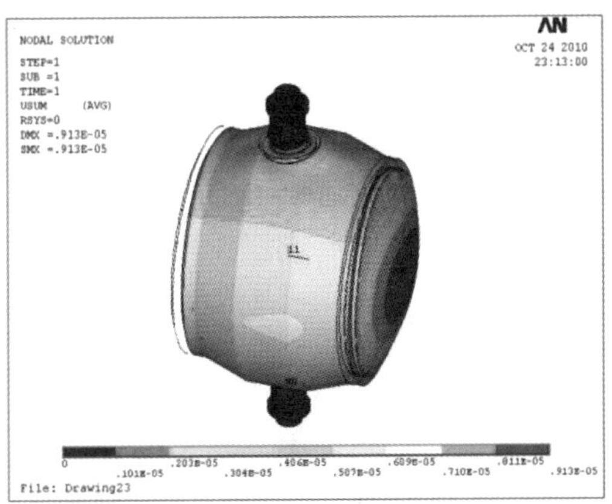

(c)负载舱组件在10g过载条件下的变形情况

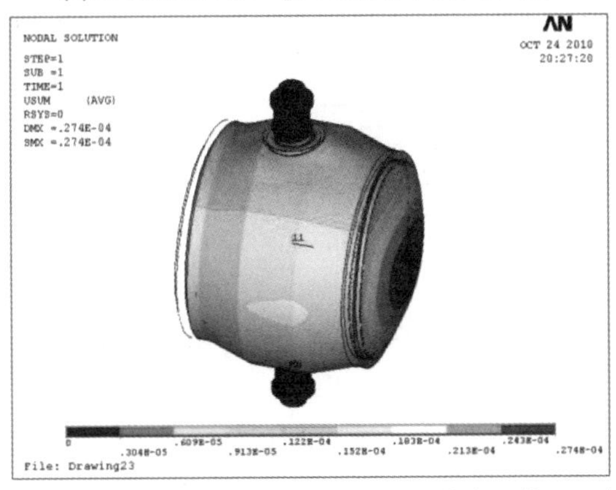

(d)负载舱组件在30g过载条件下的变形情况

图2.25(续)

2.4.4 动平衡调节方案

对于 CTR30 型臂式精密离心机，有两套旋转轴系需要进行动平衡，分别为离心机主轴和回转台轴系。由于离心机主轴轴系还要受到回转台的影响，因此调整工作量比较大，可采用自动调节方案；回转台轴系由于结构方面的限制，只考虑手动平衡调节。

对于主轴的动平衡调节，可采用成熟的轴系晃动测量方法。在主轴的上下两端各安装 2 个微位移传感器（测量点必须安装在主轴的零位处），用于测量主轴由于不平衡力矩所产生的周期性晃动，利用微位移传感器输出正弦信号的相位信息和对应的主轴位置信息，即可计算出不平衡力矩所在的位置。再根据微位移传感器输出正弦信号的幅值即可算出不平衡力矩的大小，同时利用上下两个传感器的信息即可计算出不平衡力偶的位置和幅值。在大臂内部配置两套动平衡自动调节机构，即可实现主轴动平衡的全自动调节。采用步进电机驱动方案，以滑动丝杠拖动适当大小的质量块，导向与机构座由两钢条统一担任。动平衡自动调节机构结构方案如图 2.26 所示。

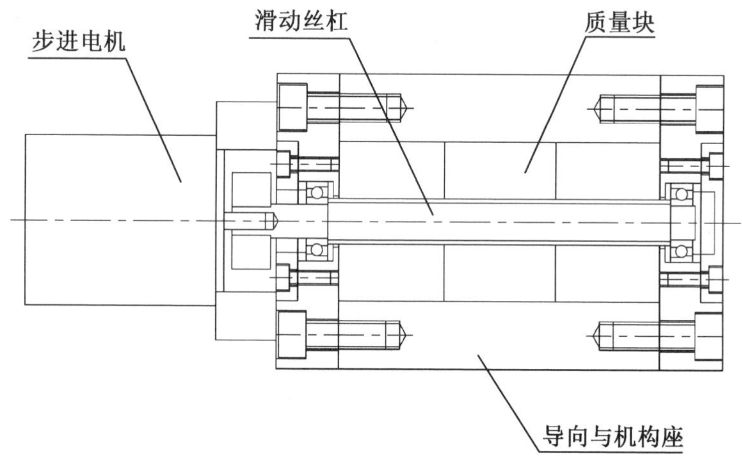

图 2.26 动平衡自动调节机构结构方案

对于回转台，由于负载安装的影响，没有足够的空间安装动平衡自动调节机构，因此无法实现自动动平衡调节，只能进行手动动平衡调节。另外，由于轴系尺寸和空间的限制，无法像主轴一样利用测微仪实现轴系晃动测试，但是可以利用回转轴匀速转动时速率曲线的波动（由不平衡力矩引起的）获得不平衡力矩的

位置和幅值信息。

2.4.5　动态半径及失准角测量方案

借鉴 CTR200 型盘式精密离心机的经验,CTR30 型臂式精密离心机采用已经证明可靠的微位移传感器加小温度系数支架的动态半径及失准角测量方案,如图 2.27 所示。由离心机主轴沿半径方向自由延伸出一个测微仪专用支架,采用高精度微位移传感器实时测量回转臂外固定点沿半径方向的位移变化量,从而计算该臂式精密离心机的动态半径及失准角。为消除环境温度的影响,微位移传感器支架采用专门冶炼、温度系数很小的铟钢材料,保证地基随温度的变化量不会改变测微仪相对离心机主轴轴线的绝对距离。

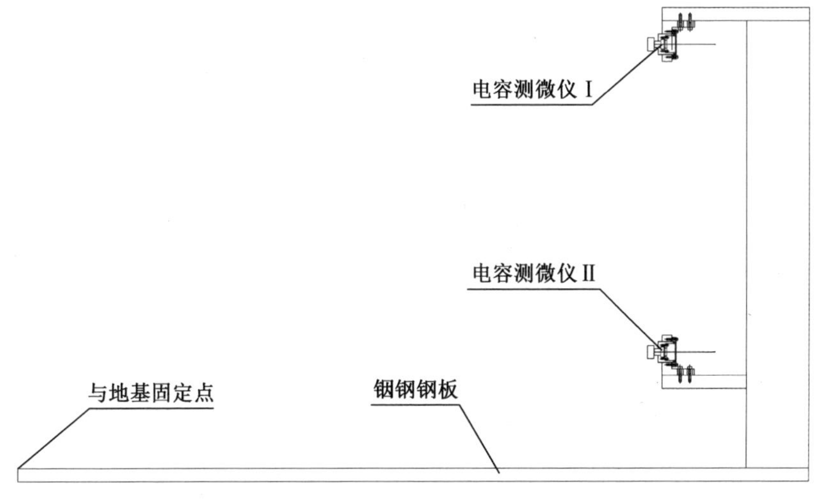

图 2.27　动态半径及失准角测量机构

2.4.6　卸荷机构

在大过载情况下,离心机由于离心力的作用会造成失准角的大范围变化,进而对惯性元件及用户测试设备造成不利影响,虽然利用动态半径和失准角测量系统可以对这部分参数及误差进行测量与补偿,但还是希望能从结构设计的角度考虑将这一变化控制在较小的范围内。采用在离心机回转臂上下方各增加一个拉紧机构,即卸荷机构,可以在一定程度上缓解由离心力作用引起的大臂和回转台指向变化,从而进一步提高精度。卸荷机构如图 2.16 所示。

本章参考文献

[1] 杨明,汤莉,张春京,等.精密离心机的现状与未来[J].导航定位与授时,2016,3(5):17-21.

[2] 李顺利, 房振勇, 刘长在. 精密离心机卸荷系统设计及实现[J]. 机械研究与应用, 1999, 12(S1):16-19.

[3] 刘洪丰, 温泽英, 张建斌, 等. 精密离心机静压轴承系统改进设计[J]. 机械设计与制造, 2003, 23(3):55-57.

[4] 陈磊, 吴文凯, 蒋春梅, 等. 精密离心机液体静压轴承设计[J]. 机械设计与研究, 2014, 30(6):34-36.

[5] 刘洪丰, 温泽英, 杨凯,等. 温升对大型精密离心机结构和技术性能的影响[J]. 中国惯性技术学报, 2002, 10(5):66-69.

[6] 何锃, 袁哲俊. 精密离心机动力学建模[J]. 哈尔滨工业大学学报, 1992, 24(5):65-71.

[7] 舒杨,宋琼,黎启胜,等. 消除精密离心机动静态失准角对加速度计标校影响的方法:CN102735874A[P]. 2012-10-17.

[8] 熊磊,何懿才,龙祖洪,等.精密离心机不确定度分析与应用[J].航空计测技术,2003,23(6):36-37.

[9] 杨守琦.大半径精密离心机可行性研究[D].哈尔滨:哈尔滨工业大学,2011.

[10] 苏宝库, 李丹东. 加速度计精密离心机试验的优化设计[J]. 中国惯性技术学报, 2010, 18(5):620-624.

[11] 李上明, 杜强. 精密离心机基础隔振设计[C]// 第七届四川省博士专家论坛论文集.德阳:第七届四川省博士专家论坛, 2014.

[12] 徐太栋, 杜平安, 王炼, 等. 基于 CFD 的精密离心机风阻优化[J]. 工程设计学报, 2014, 21(6):572-577.

[13] 卢燕, 王珏, 凌明祥,等. 精密离心机热变形多物理场耦合数值计算[J]. 工程设计学报, 2016, 23(1):49-53,73.

[14] 陈磊, 吴文凯. 精密离心机径向止推联合轴承: CN103758866A [P]. 2014-04-30.

[15] 王洪波, 张映梅, 李锋,等. 精密离心机结构误差对其运动精度的影响研究[J]. 装备环境工程, 2015, 12(5):72-77,94.

[16] 胡吉昌, 王胜利, 黄林生, 等. 精密离心机动态半径和动态失准角的实时

测量方法及装置：CN101639337B[P]. 2011－04－27.

[17] 陈文颖，舒杨，宋琼，等. 一种动态精密离心机系统及其测试方法：CN104776862A[P]. 2015－07－15.

[18] 王世明，任顺清. 精密离心机误差对石英加速度计误差标定精度分析[J]. 宇航学报，2012，33(4):520-526.

[19] 成永博，卢永刚，黎启胜，等. 陀螺效应对精密离心机加速度的影响研究[J]. 机械科学与技术，2013，32(6):801-804.

[20] 刘小刚，徐太栋，张映梅. 精密离心机机箱设计研究[J]. 环境技术，2014，32(4):79-81,85.

[21] 李树森，刘暾. 精密离心机静压气体轴承主轴系统的动力学特性分析[J]. 机械工程学报，2005，41(2):28-32.

[22] 刘艳杰，夏丹. 大过载精密离心机负载盘的优化设计[J]. 煤炭学报，2008，33(1):107-110.

[23] 刘艳杰. 精密离心机负载盘的拓扑构型设计[J]. 机械设计与制造，2008，28(7):188-190.

[24] 夏丹，刘军考，陈维山，等. 基于灵敏度分析的精密离心机负载盘的优化设计[J]. 机械设计，2006，23(11):7-10.

[25] 黎启胜，王云，卢永刚，等. 精密离心机测量面的高精度加工方法：CN102785063A[P]. 2012－11－21.

[26] 李树森，刘暾. 精密离心机静压气体轴承主轴系统的动力学特性分析[J]. 机械工程学报，2005，41(2):28-32.

[27] 董青华，张志民，贺忠江. 精密离心机主轴锥形连接的设计计算[J]. 机械制造，2009，47(11):11-13.

[28] 陈大林，吴连军. 精密离心机气浮轴承气膜刚度与承载能力分析[C]. 乌鲁木齐:第 22 届全国结构工程学术会议，2013:5.

[29] 成永博，卢永刚，张映梅. 精密离心机转盘/转臂结构变形规律研究[J]. 装备环境工程，2015，12(5):88-94.

[30] 丁振良，陈中，袁峰，等. 精密离心机大臂缩比样件热变形的测试[J]. 中国惯性技术学报，1999，7(2):62-65.

[31] 李顺利. 精密离心机在线自动卸荷方法的研究[J]. 机械工程学报，2003，39(6):44-48.

[32] 梁迎春，陈时锦，刘亚忠，等. 精密离心机结构动静态特性计算[J]. 中国惯性技术学报，1996(2):63-65..

第3章

精密离心机驱动与控制

3.1 概　　述

精密离心机作为加速度计的重要标定与测试设备,其驱动与控制水平在很大程度上影响着系统运行的速率精度和平稳性,从而直接影响系统的实现精度。永磁同步电机具有控制特性优良、输出转矩大和可靠性高等优点,被广泛应用于冶金、陶瓷、橡胶、石油、纺织等行业的机电伺服系统中,适合作为精密离心机的驱动元件。然而,永磁同步电机在工作中不可避免地受波动力矩的影响,这成为影响精密离心机速率精度和平稳性的主要原因。为满足速率精度和平稳性的要求,必须解决永磁同步电机的波动力矩抑制问题。

本章主要介绍基于永磁同步电机系统的精密离心机伺服驱动与控制技术。在回顾永磁同步电机发展历史及其研究现状后,首先介绍永磁同步电机的结构、数学模型以及普遍采用的矢量控制技术。其次对永磁同步电机存在的波动力矩进行机理分析,介绍几种在工艺设计方面抑制波动力矩的方法。针对电机波动力矩引起的周期性干扰,分析此类干扰的位置域周期特性,并将传统的重复控制方法推广到位置域,提出两种位置域重复控制方法,从而实现对位置域周期干扰的有效抑制。最后,对机电伺服控制系统中普遍存在的电磁干扰问题和改进措施进行简单介绍。

3.2　永磁同步电机与矢量控制

3.2.1　永磁同步电机的发展历史与现状

1821 年 9 月，Faraday 观察到运动的通电线路在切割磁感线时会受到力的作用，他依据此现象发现了电磁感应定律，并建立了电机的实验室模型，这是世界上第一个完成电能与机械能转换的装置。随后，他在 1831 年运用电磁感应定律，发明了一台真正的电机——法拉第圆盘发电机。1832 年，Sturgeon 发明了换向器，从此第一台能够连续运动的电机问世。从此以后，科学技术的发展日新月异，各种各样的电机如雨后春笋般涌现。

永磁电机的发展起始于20 世纪50 年代，其原理与普通的电励磁三相同步电机基本相同，区别是用永磁体代替了电励磁系统，省去了励磁绕组、电刷和集电环，对电机的结构进行了极大的简化，并且提升了电机的可靠性。20 世纪 70 年代，永磁电机调速系统开始快速发展，并逐渐应用于交流调频调速系统中。Binns 对永磁电机的工作原理、性能以及驱动系统的稳定性进行了详尽的分析，这些成果对永磁电机理论制造业架构的形成产生了很大的影响。20 世纪 80 年代末，钕、铁、硼等永磁材料的产生使永磁电机制造业出现了跨越式的进步，由于上述材料成本很低，因此在生产制造中得到了广泛的应用，也促进了永磁电机的进一步发展。

永磁同步电机具有以下优点：无机械换向器和电刷，结构简单，体积小，可靠性高；永磁体采用的稀土材料在我国储量非常丰富，价格低廉；电机的峰值转矩大，时间常数小，响应快；易实现高速运行和正反转切换，调速范围宽；环境适应能力强、定子绕组散热容易，不影响传动精度；过载能力强，可在短时间内提供两倍额定力矩以上的输出；工作电压只受功率开关器件的耐压限制，可以采用较高的电压，容易实现大容量伺服驱动。因此，根据国内外的发展趋势和应用要求，在精度要求高、调速范围宽、力矩输出需求大的精密离心机伺服系统中，通常选择性能优越的永磁同步电机作为系统的驱动元件。

永磁同步电机常见的调速控制技术有恒压频比控制、直接转矩控制及矢量控制等。其中，恒压频比控制仅能控制转矩的平均值，而不能控制转矩的瞬时值，动态性能差；直接转矩控制在低速时需要连续使用较多零电压矢量，这导致其开关频率很低，转矩脉动大；矢量控制的核心是转子磁场定向控制，将定子三相静止坐标系转换到转子两相旋转坐标系中，这种控制方法在应用时比较容易，也可以使电机具有良好的转矩输出性能。矢量控制技术使电机控制领域出现了跨越式的进步，也从理论上解决了交流电机控制系统中存在的非线性和强耦合问题。至此，交流调速系统逐渐代替了直流伺服系统，成为电机控制的主流调速系统，也使交流电机具备了类似直流电机的优秀调速性能。

3.2.2 永磁同步电机的结构

永磁同步电机的主要特点是转子由永磁体构成，在稳定运行后转子转速和定子旋转磁场转速保持一致。现以如图 3.1 所示的两极永磁同步电机为例说明其工作原理。定子绕组中的电流会产生一个两极圆形旋转磁场，用外圈的旋转磁极表示，中间的转子为两极永磁体。当定子磁场以同步转速 n_s 按图示方向旋转时，根据磁极间同性相斥、异性相吸的原理，转子就会与旋转磁场以同步转速一同旋转。

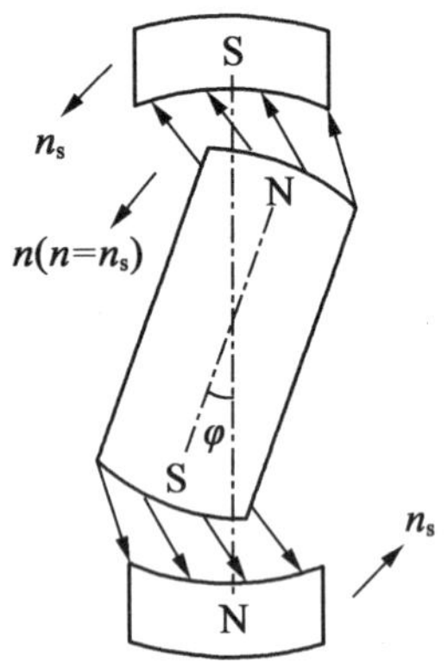

图 3.1　永磁同步电机的工作原理

同步转速 n_s 可表示为

$$n_s = \frac{60f}{p_n} \tag{3.1}$$

式中　n_s——同步转速，r/min；

f——电源频率，Hz；

p_n——电机极对数。

转子磁极轴线和定子异性磁极轴线间的夹角通常称为失调角或功率角，在

图 3.1 中用 φ 表示。当 $\varphi=0°$时，转子磁极位于定子异性磁极的正下方，两磁极轴线重合，此时转子受到的电磁转矩为零。若转子轴线偏离定子磁极轴线 φ 角，磁力就会对转子产生电磁转矩 T_e。显然，电磁转矩 T_e 是 φ 的周期函数，因此，定子、转子磁极之间的电磁转矩可表示为

$$T_e=K\sin\varphi \tag{3.2}$$

式中 K——比例系数，$K=F_sF_r$，其中 F_s、F_r 分别为定子、转子的磁势（或磁密）。

对于 p_n 对极的电机，电磁转矩 T_e 的变化周期为 $360(°)/p_n$，若将式（3.2）中的 φ 定义为电角度，则式（3.2）也是各种极对数的永磁同步电机的电磁转矩表达式。若负载转矩 T_L 发生改变，为了平衡负载转矩，电机的功率角 φ 就会进行相应的变化，以保证转子匀速运动。当 $\varphi=90°$时转矩最大，此时的转矩称为最大同步转矩。使用永磁同步电机时，负载转矩不能大于最大同步转矩。

纯粹的永磁同步电机启动困难。在通电瞬间，电机的气隙会立刻出现旋转磁场，但由于转子具有惯性，初速度为零，因此在初始阶段转子的转速极低（$n\approx 0$），而旋转磁场的初速度为同步转速 n_s。当旋转磁场旋转180°时，转子还未出现明显的角位移，此时转子受到的转矩与 n_s 方向相反。当旋转磁场旋转360°时，转子所受转矩又与启动时基本相同。可见，在启动初期转子受到的转矩时正时负，平均转矩约为零，因此电机很难启动。为使永磁同步电机顺利启动，同时也使电机由同步“跌入”失步时不会很快停转，转子上一般装有启动绕组。装有鼠笼式启动绕组的永磁同步电机的启动过程为：接通电源后，电机先以异步方式工作一段时间，靠鼠笼转子提供的转矩（称为异步转矩）将转子由静止逐渐加速到接近同步转速（$n\geqslant 0.95n_s$），再由定子旋转磁场对永磁转子的磁力将转子拉入同步转速。

永磁同步电机的定子铁芯固定在机座内，通常由定子冲片叠加装配而成，定子冲片由硅钢片冲制，形状如图 3.2 所示。当定子冲片被叠压装配成定子铁芯后，冲片内圆均匀分布的孔就成为定子的槽，槽内嵌放着定子绕组，绕组一般由铜导线制成。按照永磁体在转子上的位置，永磁同步电机的转子可以分为表面式、内嵌式和内埋式，其类型如图 3.3 所示。前两种转子结构的永磁体通常呈瓦片形，附着于转子铁芯的表面，其转子直径较小，具有提供径向磁通的功能；内埋式转子结构的永磁体通常为条状，位于转子内部，机械强度高，其提供磁通的方向与转子的具体结构有关。典型的永磁同步电机结构图如图 3.4 所示。

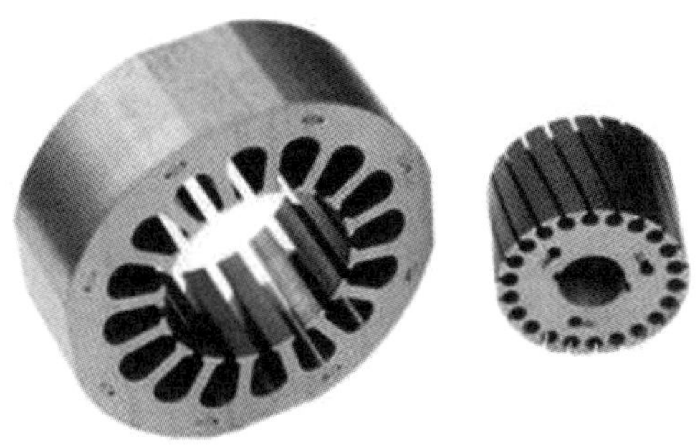

图 3.2 定子铁芯与转子

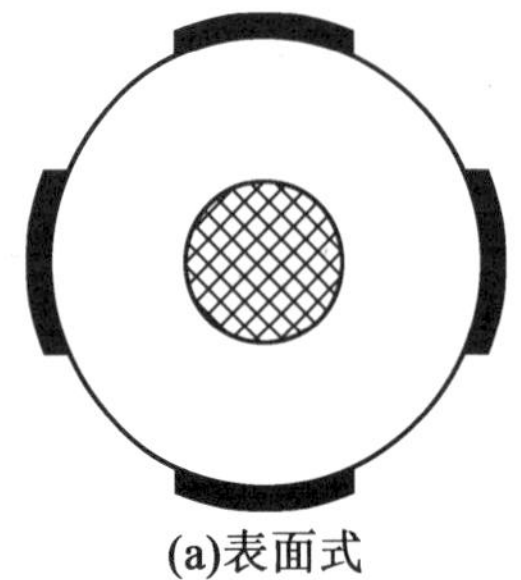

(a)表面式

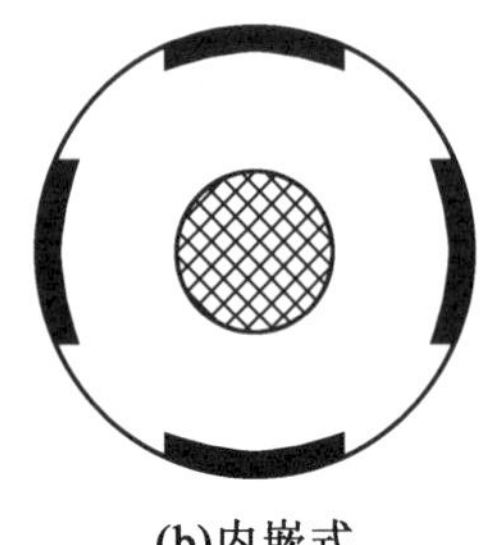

(b)内嵌式

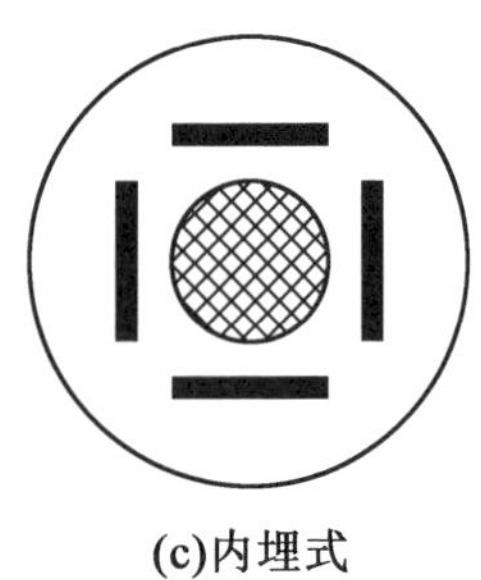

(c)内埋式

图 3.3 转子的 3 种类型

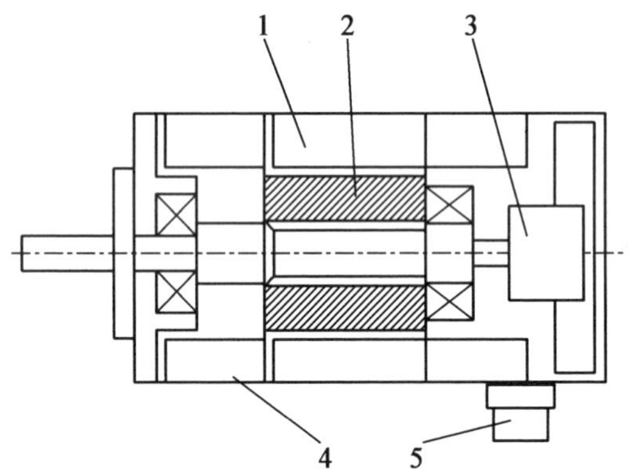

图 3.4 典型的永磁同步电机结构图

1—定子;2—转子;3—脉冲编码器;4—定子绕组;5—接线盒

3.2.3 永磁同步电机的数学模型

永磁同步电机的定子上装有 A、B、C 三相对称绕组,转子上装有永磁体,定子和转子之间通过气隙磁场耦合。永磁同步电机的电磁关系十分复杂,为简化分

析，在模型推导中做如下假设：

(1)定子绕组为“Y”形连接。

(2)反电动势为正弦波，忽略饱和、谐波的影响。

(3)不计涡流和磁滞损耗。

(4)转子上无阻尼绕组，永磁体也无阻尼作用。

(5)励磁电流无动态响应过程。

按照以上条件分析实际电机，所得结果和实际情况十分接近，因此可以使用上述假设对电机进行分析与控制。

永磁同步电机在 $A-B-C$ 定子三相静止坐标系中的物理方程为

$$\begin{bmatrix} u_A \\ u_B \\ u_C \end{bmatrix} = \begin{bmatrix} R_A & 0 & 0 \\ 0 & R_B & 0 \\ 0 & 0 & R_C \end{bmatrix} \begin{bmatrix} i_A \\ i_B \\ i_C \end{bmatrix} + \frac{\mathrm{d}}{\mathrm{d}t} \begin{bmatrix} \psi_A \\ \psi_B \\ \psi_C \end{bmatrix} \tag{3.3}$$

$$\begin{bmatrix} \psi_A \\ \psi_B \\ \psi_C \end{bmatrix} = \begin{bmatrix} L_{AA} & M_{AB} & M_{AC} \\ M_{BA} & L_{BB} & M_{BC} \\ M_{CA} & M_{CB} & L_{CC} \end{bmatrix} \begin{bmatrix} i_A \\ i_B \\ i_C \end{bmatrix} + \begin{bmatrix} \cos\theta \\ \cos(\theta - 2\pi/3) \\ \cos(\theta + 2\pi/3) \end{bmatrix} \psi_{\mathrm{f}} \tag{3.4}$$

式中　u_A、u_B、u_C——三相定子绕组的电压，V；

R_A、R_B、R_C——三相定子绕组的电阻，且 $R_A = R_B = R_C = R_{\mathrm{s}}$，其中 R_{s} 为定子电阻，Ω；

i_A、i_B、i_C——三相定子绕组的电流，A；

ψ_A、ψ_B、ψ_C——三相定子绕组的磁链，Wb；

L_{AA}、L_{BB}、L_{CC}——各项绕组的自感，且 $L_{AA} = L_{BB} = L_{CC} = L_{\mathrm{s}}$，其中 L_{s} 为定子电感，H；

M_{AB}、M_{AC}、M_{BA}、M_{BC}、M_{CA}、M_{CB}——绕组间的互感，且 $M_{AB} = M_{AC} = M_{BA} = M_{BC} = M_{CA} = M_{CB} = M_{\mathrm{s}}$，H；

θ——转子磁极位置，即转子 N 极与 A 相轴线的夹角，(°)；

ψ_{f}——转子永磁体产生的磁链，Wb。

在 $A-B-C$ 定子三相静止坐标系中，永磁同步电机的物理方程与定子、转子之间的相对位置和时间耦合，其模型为非线性时变方程。因此，在此坐标系下对永磁同步电机进行分析和控制是十分困难的，需要寻找更为简单的数学模型实现对永磁同步电机的分析和控制。

3.2.4　永磁同步电机的矢量控制

永磁同步电机的数学模型可以在不同的坐标系下建立，包括 $A-B-C$ 定子三相静止坐标系、$\alpha-\beta$ 定子两相静止坐标系和 $d-q$ 转子两相旋转坐标系。3 种坐标系的关系如图 3.5 所示，其中，A、B、C 三轴相互间隔120°；α 轴与 A 轴重合，β 轴沿旋转方向超前 α 轴90°电角度；d 轴（直轴）为转子励磁磁链方向，q 轴（交轴）沿旋转方向超前 d 轴90°电角度；γ 为 d 轴与 $A(\alpha)$ 轴之间的夹角；u_s、i_s 分别为定子电压和定子电流。

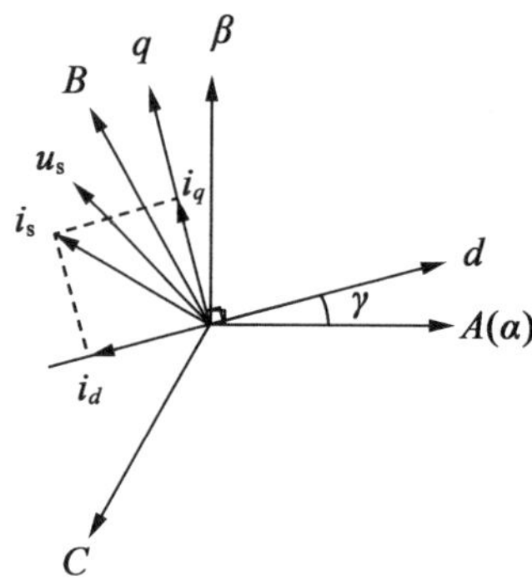

图 3.5　3 种坐标系的关系

利用 Clark 变换可使永磁同步电机在 $A-B-C$ 定子三相静止坐标系的模型转到 $\alpha-\beta$ 定子两相静止坐标系中。基于功率不变原则的 Clark 变换矩阵可表示为

$$\boldsymbol{C}_{3s/2s}=\sqrt{\frac{2}{3}}\begin{bmatrix}1 & -\frac{1}{2} & -\frac{1}{2}\\ 0 & \frac{\sqrt{3}}{2} & -\frac{\sqrt{3}}{2}\end{bmatrix} \tag{3.5}$$

将式(3.3)、式(3.4)经过式(3.5)的 Clark 变换，可以得到永磁同步电机在 $\alpha-\beta$ 定子两相静止坐标系下的物理方程为

$$\begin{bmatrix}u_\alpha\\ u_\beta\end{bmatrix}=\begin{bmatrix}R_s & 0\\ 0 & R_s\end{bmatrix}\begin{bmatrix}i_\alpha\\ i_\beta\end{bmatrix}+\frac{\mathrm{d}}{\mathrm{d}t}\begin{bmatrix}\psi_\alpha\\ \psi_\beta\end{bmatrix} \tag{3.6}$$

$$\begin{bmatrix}\psi_\alpha\\ \psi_\beta\end{bmatrix}=\begin{bmatrix}L_s-M_s & 0\\ 0 & L_s-M_s\end{bmatrix}\begin{bmatrix}i_\alpha\\ i_\beta\end{bmatrix}+\omega_e\psi_f\begin{bmatrix}-\sin\theta\\ \cos\theta\end{bmatrix} \tag{3.7}$$

式中　u_α、u_β——α 轴、β 轴的电压，V；

i_α、i_β——α 轴、β 轴的电流，A；

ψ_α、ψ_β——α 轴、β 轴的磁链，Wb；

ω_e——转子的电角速度，rad/s。

Clark 变换在一定程度上简化了永磁同步电机的数学模型，但此模型依旧比较复杂，故在分析与控制时一般也不使用该坐标系下的数学模型。

利用 Park 变换可使永磁同步电机在 $\alpha-\beta$ 定子两相静止坐标系的模型转换

到 $d-q$ 转子两相旋转坐标系中。Park 变换的变换矩阵可表示为

$$C_{2s/2r}=\begin{bmatrix}\cos\gamma & \sin\gamma\\ -\sin\gamma & \cos\gamma\end{bmatrix} \tag{3.8}$$

将式(3.6)、式(3.7)经过式(3.8)的 Park 变换，可以得到永磁同步电机在 $d-q$转子两相旋转坐标系下的物理方程为

$$\begin{bmatrix}u_d\\ u_q\end{bmatrix}=\begin{bmatrix}R_s & -\omega_e L_q\\ \omega_e L_d & R_s\end{bmatrix}\begin{bmatrix}i_d\\ i_q\end{bmatrix}+\frac{\mathrm{d}}{\mathrm{d}t}\begin{bmatrix}\psi_d\\ \psi_q\end{bmatrix} \tag{3.9}$$

$$\begin{bmatrix}\psi_d\\ \psi_q\end{bmatrix}=\begin{bmatrix}L_d & 0\\ 0 & L_q\end{bmatrix}\begin{bmatrix}i_d\\ i_q\end{bmatrix}+\begin{bmatrix}\psi_f\\ 0\end{bmatrix} \tag{3.10}$$

式中　u_d、u_q——d 轴、q 轴的电压，V；

i_d、i_q——d 轴、q 轴的电流，A；

ψ_d、ψ_q——d 轴、q 轴的磁链，Wb；

L_d、L_q——d 轴、q 轴的电感，对于表面式永磁同步电机，$L_d=L_q=L_s-M_s$，H。

$d-q$ 转子两相旋转坐标系通过一组相位差为90°的交流电产生的旋转磁场来等效三相定子交流电产生的旋转磁场，利用这种方式将永磁同步电机数学模型中的非线性时变微分方程变换成常系数方程，简化了运算和分析。

在 $d-q$ 坐标系中，永磁同步电机的转矩方程和运动方程分别为

$$T_e=\frac{3}{2}p_n(\psi_d i_q-\psi_q i_d)=\frac{3}{2}p_n[\psi_f i_q-(L_q-L_d)i_d i_q] \tag{3.11}$$

$$J\frac{\mathrm{d}\omega}{\mathrm{d}t}=T_e-T_L-B\omega \tag{3.12}$$

式中　J——电机的转动惯量，$\mathrm{kg\cdot m^2}$；

B——摩擦系数；

ω——转子的机械角速度，rad/s。

对于正弦波驱动的永磁同步电机，常用的矢量控制策略有功率因数 $\cos\varphi=1$ 控制、弱磁控制、最大转矩电流比控制和 $i_d=0$ 控制等。

(1)功率因数 $\cos\varphi=1$ 控制的主要特征为电机的功率因数为常数 1，此时逆变器的容量得到了充分利用。但这种控制方式的退磁系数大，即永磁体可能发生退磁现象，最大输出力矩较小，会导致效率降低。

(2)弱磁控制能够使永磁同步电机在输出恒定功率的情况下具有更高的转速，但是利用电枢反应实现弱磁控制的方案需要较大的定子绕组直轴电流分量。值得注意的是，使用该策略时电机不可以长时间运行在弱磁状态下，否则会导致电机的永磁体磁场变弱，造成永久性退磁损坏。

(3)最大转矩电流比控制的基本思想是在电机输出转矩符合要求的情况下使定子电流最小，这样既可以降低电机的铜质损耗，又可降低开关器件处于通态

时的损耗。但该控制方案对控制器提出了较高的要求,不但计算量大,而且当输出力矩增加时,功率因数下降速度会变快。

(4) $i_d=0$ 的控制方法相对简单,也是目前最常用的方法之一。其最大优势在于绕组中电流大小和转矩呈正比例关系,也无退磁现象发生。采用 $i_d=0$ 的矢量控制时,定子电压方程、转矩方程可改写为

$$u_d = -\omega_e L_q i_q \tag{3.13}$$

$$u_q = L_q \frac{di_q}{dt} + \omega_e \psi_f + R_s i_q \tag{3.14}$$

$$T_e = \frac{3}{2} p_n \psi_f i_q \tag{3.15}$$

电机定子电流 i_s 可表示为

$$i_s = \sqrt{i_d^2 + i_q^2} = i_q \tag{3.16}$$

永磁同步电机采用 $i_d=0$ 的矢量控制时,电磁转矩与 ψ_f 和 i_q 之积成正比,因此只要保持 ψ_f 幅值恒定,电磁转矩 T_e 与 i_q 就呈正比例关系,矢量控制的永磁同步电机就能获得与他励直流电机调压调速相同的性能。矢量控制实现较容易、控制方法较简单,适合永磁同步电机伺服驱动系统应用的场合。

$i_d=0$ 的矢量控制基本框图如图 3.6 所示。根据检测到的电机实际转速和输入的参考转速比较,可通过速度 PI 控制器计算获得定子电流转矩分量 i_q 的参考量 i_{qref},同时给定定子电流励磁分量 i_d 的参考量 $i_{dref}=0$。通过相电流检测电路提取电流 i_A、i_B 后通过 Clark 变换将其变换到 $\alpha-\beta$ 坐标系,再通过 Park 变换将它们转换到 $d-q$ 坐标系中。在与它们的参考电流 i_{qref}、i_{dref} 分别进行比较后,通过 PI 控制器获得旋转坐标系下的电压信号 u_d、u_q。u_d、u_q 经过 Park 逆变换得到 $\alpha-\beta$ 坐标系下的电压信号 $u_{\alpha ref}$、$u_{\beta ref}$,并将其送入 SVPWM 中产生控制脉冲,进而得到控制定子三相对称绕组的实际电压与电流。

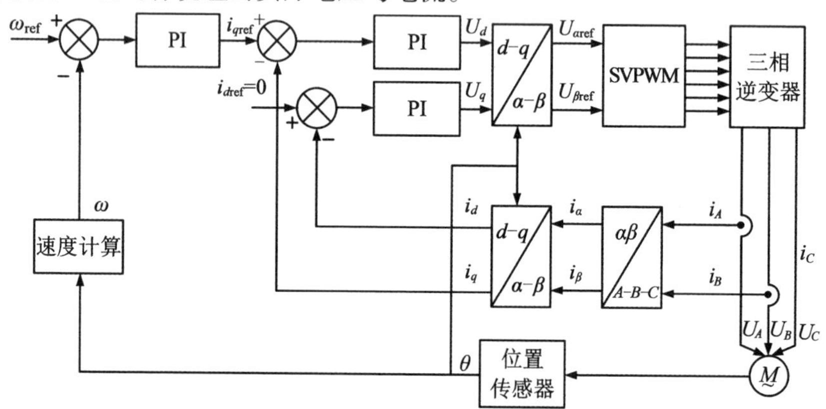

图 3.6 $i_d=0$ 的矢量控制基本框图

3.3　永磁同步电机的波动力矩

3.3.1　波动力矩的成因

永磁同步电机的波动力矩包含两种形式:一种是由电机结构决定的齿槽波动力矩,也称定位力矩;另一种是在电机运行时,由于各物理量与理论的偏差造成的电磁波动力矩。

1. 齿槽波动力矩

定子周围镶嵌有齿和槽,齿用于减小气隙磁阻,引导磁感线形成闭合磁路;槽中镶嵌定子绕组,使定子电流与磁感线铰链。但由于齿和槽位置的磁阻不同,使得磁感线在气隙中不能均匀分布,因此电机在转动时,转子永磁体产生周期性的正弦波动力矩。

齿槽波动力矩的成因之一是永磁体磁通和定子齿槽产生的磁导相互作用,波动力矩由其基波和各次谐波产生。在电机运行一个齿距的角度内,包含此种齿槽波动力矩的周期数 m_1 可表示为

$$m_1 = \frac{2p_n}{D_{gcd}(Z_1, 2p_n)} \tag{3.17}$$

式中　Z_1——定子齿槽数;

$D_{gcd}(Z_1, 2p_n)$——Z_1 与极数 $2p_n$ 的最大公约数。

在齿槽视为均匀分布的情况下,定子齿距角将决定此种干扰的位置周期,根据齿槽数和极数的具体数值,可确定干扰谐波成分的周期。

齿槽波动力矩的另一个主要成因是由永磁体磁通的直流分量和定子、转子齿槽引起的磁导谐波相互作用。在电机运行一个齿距的角度内,包含此种齿槽波动力矩的周期数 m_2 可表示为

$$m_2 = \frac{2p_n}{D_{gcd}(Z_1, Z_2)} \tag{3.18}$$

式中　Z_2——转子齿槽数。

总体来说,齿槽波动力矩与齿槽数相关,在齿槽可视为均匀分布的情况下,波动力矩在机械圆周上具有周期性。

2. 电磁波动力矩

在理想状况下,永磁同步电机的三相反电势和电流可以分别表示为

$$
\begin{cases}
[e] = E\left[\sin\theta_e \sin\left(\theta_e - \dfrac{2\pi}{3}\right)\sin\left(\theta_e + \dfrac{2\pi}{3}\right)\right] \\
[i]^{T} = I\left[\sin\theta_e \sin\left(\theta_e - \dfrac{2\pi}{3}\right)\sin\left(\theta_e + \dfrac{2\pi}{3}\right)\right]
\end{cases}
\tag{3.19}
$$

式中 E——相电势的幅值，$E = K_e p_n \omega$；

I——相电流的幅值；

θ_e——电角度，(°)。

则电磁转矩可表示为

$$
T_e = \sum e \cdot i/\omega = [e][i]/\omega = \frac{3}{2}K_e p_n I \tag{3.20}
$$

当反电势和相电流均为理想正弦波时，永磁同步电机理论上不产生电磁波动力矩。但在实际系统中，由于传感器的系统误差、器件的离散性、系统中的噪声干扰和电流反馈控制回路的误差等因素，造成电枢电流与理想情况出现偏差，致使电流与反电势不能够完全配合，这些都将导致电磁波动力矩的出现。

设三相电势是对称的，而三相电流中存在偏差 Δa、Δb 和 Δc，则三相电流和电磁转矩可重新表示为

$$
[i]^{T} = I\left[\sin\theta_e + \Delta a\sin\left(\theta_e - \frac{2\pi}{3}\right) + \Delta b\sin\left(\theta_e + \frac{2\pi}{3}\right) + \Delta c\right] \tag{3.21}
$$

$$
\begin{aligned}
T_e &= \frac{3}{2}K_e p_n I\left[\Delta a\sin\theta_e + \Delta b\sin\left(\theta_e - \frac{2\pi}{3}\right) + \Delta c\sin\left(\theta_e + \frac{2\pi}{3}\right)\right] \\
&= \frac{3}{2}K_e p_n I(1 + \Delta T_r)
\end{aligned}
\tag{3.22}
$$

式中 Δa、Δb 和 Δc——幅值偏差、相位偏差、恒定分量或谐波成分，它们均是转角 θ 的函数；

ΔT_r——电磁波动力矩的相对值，即

$$
\Delta T_r = \frac{2}{3}\left[\Delta a\sin\theta_e + \Delta b\sin\left(\theta_e - \frac{2\pi}{3}\right) + \Delta c\sin\left(\theta_e + \frac{2\pi}{3}\right)\right] \tag{3.23}
$$

电磁波动力矩包含多种成分，具体分类如下：

(1)检测元件产生的电磁波动力矩。

转子位置检测元件(如多级旋转变压器)的制造偏差，会造成激励信号产生每机械圆周一次的波动成分，相应地三相电流也会带有每机械圆周一次的波动成分，此时三相电流偏差和电磁波动力矩的相对值可表示为

$$
\begin{cases}
\Delta a = \Delta\sin(\theta + \theta_a)\sin\theta_e \\
\Delta b = \Delta\sin(\theta + \theta_a)\sin\left(\theta_e - \dfrac{2\pi}{3}\right) \\
\Delta c = \Delta\sin(\theta + \theta_a)\sin\left(\theta_e + \dfrac{2\pi}{3}\right)
\end{cases}
\tag{3.24}
$$

$$\Delta T_{\mathrm{r}}=\Delta\sin(\theta+\theta_{\mathrm{a}}) \tag{3.25}$$

以上两式中　Δ——电流指令每机械圆周一次的波动成分幅值；

θ_{a}——每机械圆周一次波动的初始相位。

三相电流每机械圆周一次的偏差会导致与其大小相等的电磁波动力矩，具体值与其所处位置有关，并且此种形式的电磁波动力矩频率较低，一般位于系统带宽内，对系统危害最大。

(2)电流幅值偏差产生的电磁波动力矩。

设 B、C 相电流有幅值偏差 Δi_B、Δi_C，则三相电流和电磁波动力矩的相对值可重新表示为

$$\begin{cases} i_A=-(i_B+i_C) \\ i_B=I(1+\Delta i_B)\sin\left(\theta_{\mathrm{e}}-\dfrac{2\pi}{3}\right) \\ i_C=I(1+\Delta i_C)\sin\left(\theta_{\mathrm{e}}+\dfrac{2\pi}{3}\right) \end{cases} \tag{3.26}$$

$$\Delta T_{\mathrm{r}}=\frac{1}{\sqrt{3}}\left[(\Delta i_C-\Delta i_B)\sin 2\theta_{\mathrm{e}}+\frac{\sqrt{3}}{2}(\Delta i_C+\Delta i_B)\right] \tag{3.27}$$

情况最严重时，不妨令 $\Delta i_C=-\Delta i_B$，则此时电磁波动力矩可表示为

$$\Delta T_{\mathrm{r}}=\frac{2}{\sqrt{3}}\Delta i_C\sin 2\theta_{\mathrm{e}} \tag{3.28}$$

可以看出，电流幅值偏差 Δi_C 将导致幅值为$\frac{2}{\sqrt{3}}\Delta i_C$ 的 $2p_{\mathrm{n}}$ 次电磁波动力矩。

(3)电流相位偏差产生的电磁波动力矩。

设 B、C 相电流有相位偏差 $\Delta\varphi_B$、$\Delta\varphi_C$，则三相电流和电磁波动力矩的相对值可重新表示为

$$\begin{cases} i_A=-(i_B+i_C) \\ i_B=I\sin\left(\theta_{\mathrm{e}}-\dfrac{2\pi}{3}+\Delta\varphi_B\right) \\ i_C=I\sin\left(\theta_{\mathrm{e}}+\dfrac{2\pi}{3}+\Delta\varphi_C\right) \end{cases} \tag{3.29}$$

$$\Delta T_{\mathrm{r}}=\frac{1}{\sqrt{3}}\left[(\Delta\varphi_C-\Delta\varphi_B)\cos 2\theta_{\mathrm{e}}+\frac{1}{2}(\Delta\varphi_C+\Delta\varphi_B)\right] \tag{3.30}$$

情况最严重时，不妨令 $\Delta\varphi_C=-\Delta\varphi_B$，若不计式(3.30)中的恒定成分，此时电磁波动力矩可表示为

$$\Delta T_{\mathrm{r}}=\frac{2}{\sqrt{3}}\Delta\varphi_C\cos 2\theta_{\mathrm{e}} \tag{3.31}$$

可以看出,电流相位偏差 $\Delta\varphi_C$ 将导致幅值为$\frac{2}{\sqrt{3}}\Delta\varphi_C$ 的 $2p_n$ 次电磁波动力矩。

(4)电流逆序分量产生的电磁波动力矩。

对于三相无中线驱动线路,三相电流实际上并不存在单纯的幅值偏差或者相位偏差,两者必然同时存在,体现为逆序分量的出现。设逆序分量的单位值为 Δi_α,则三相电流偏差和电磁波动力矩的相对值可重新表示为

$$\begin{cases}\Delta a = -\Delta i_\alpha \sin(\theta_e + \varphi_\alpha) \\ \Delta b = \Delta i_\alpha \sin\left(\theta_e - \frac{2\pi}{3} + \varphi_\alpha\right) \\ \Delta c = \Delta i_\alpha \sin\left(\theta_e + \frac{2\pi}{3} + \varphi_\alpha\right)\end{cases} \tag{3.32}$$

$$\Delta T_r = \Delta i_\alpha \cos(2\theta_e + \varphi_\alpha) \tag{3.33}$$

式中 φ_α——电流逆序分量的相位初值。

可以看出,电流逆序分量产生与其幅值相等的 $2p_n$ 次电磁波动力矩。

(5)电流恒定分量产生的电磁波动力矩。

设 B、C 相电流有恒定成分 ΔI_B、ΔI_C,则三相电流和电磁波动力矩的相对值可重新表示为

$$\begin{cases}i_A = I(\sin\theta_e - \Delta I_B - \Delta I_C) \\ i_B = I\left[\sin\left(\theta_e - \frac{2\pi}{3}\right) + \Delta I_B\right] \\ i_C = I\left[\sin\left(\theta_e + \frac{2\pi}{3}\right) + \Delta I_C\right]\end{cases} \tag{3.34}$$

$$\Delta T_r = \frac{1}{\sqrt{3}}[(\Delta I_C - \Delta I_B)\cos\theta_e - \sqrt{3}(\Delta I_C + \Delta I_B)\sin\theta_e] \tag{3.35}$$

情况最严重时,不妨令 $\Delta I_C = \Delta I_B$,则此时电磁波动力矩可表示为

$$\Delta T_r = 2\Delta I_C \sin\theta_e \tag{3.36}$$

可以看出,电流恒定分量偏差 ΔI_C 将导致幅值为 $2\Delta I_C$ 的 p_n 次电磁波动力矩。

(6)电流中谐波成分产生的波动力矩。

设 B、C 相电流含有谐波成分,三相电流和电磁波动力矩的相对值可重新表示为

$$\begin{cases} i_A = I\{\sin\theta_e - \sum[\Delta I_{\gamma B}\sin(\gamma\theta_e + \varphi_{\gamma B}) + \Delta I_{\gamma C}\sin(\gamma\theta_e + \varphi_{\gamma C})]\} \\ i_B = I\left[\sin\left(\theta_e - \dfrac{2\pi}{3}\right) + \sum \Delta I_{\gamma B}\sin(\gamma\theta_e + \varphi_{\gamma B})\right] \\ i_C = I\left[\sin\left(\theta_e + \dfrac{2\pi}{3}\right) + \sum \Delta I_{\gamma C}\sin(\gamma\theta_e + \varphi_{\gamma C})\right] \end{cases} \tag{3.37}$$

$$\Delta T_r = \frac{1}{\sqrt{3}}\sum P\sin\left[(\gamma+1)\frac{1}{2}\theta_e + \varphi_1\right] + \frac{1}{\sqrt{3}}\sum Q\sin\left[(\gamma+1)\frac{1}{2}\theta_e + \varphi_2\right] \tag{3.38}$$

以上两式中　$\Delta I_{\gamma B}$、$\Delta I_{\gamma C}$——B、C 相电流中第 γ 次谐波成分的幅值；

$\varphi_{\gamma B}$、$\varphi_{\gamma C}$——B、C 相电流中第 γ 次谐波成分的相位。

P、Q、φ_1、φ_2 参数分别表示为

$$\begin{cases} P = \sqrt{\Delta I_{\gamma B}^2 + \Delta I_{\gamma C}^2 - 2\Delta I_{\gamma B}\Delta I_{\gamma C}\cos\left(\varphi_{\gamma B} - \varphi_{\gamma C} + \dfrac{2\pi}{3}\right)} \\ Q = \sqrt{\Delta I_{\gamma B}^2 + \Delta I_{\gamma C}^2 - 2\Delta I_{\gamma B}\Delta I_{\gamma C}\cos\left(\varphi_{\gamma B} - \varphi_{\gamma C} - \dfrac{2\pi}{3}\right)} \\ \varphi_1 = \cot\dfrac{\Delta I_{\gamma B}\sin\left(\varphi_{\gamma B} + \dfrac{\pi}{3}\right) - \Delta I_{\gamma C}\sin\left(\varphi_{\gamma C} - \dfrac{\pi}{3}\right)}{\Delta I_{\gamma B}\cos\left(\varphi_{\gamma B} + \dfrac{\pi}{3}\right) - \Delta I_{\gamma C}\cos\left(\varphi_{\gamma C} - \dfrac{\pi}{3}\right)} \\ \varphi_2 = \cot\dfrac{\Delta I_{\gamma B}\sin\left(\varphi_{\gamma B} - \dfrac{\pi}{3}\right) - \Delta I_{\gamma C}\sin\left(\varphi_{\gamma C} + \dfrac{\pi}{3}\right)}{\Delta I_{\gamma B}\cos\left(\varphi_{\gamma B} - \dfrac{\pi}{3}\right) - \Delta I_{\gamma C}\cos\left(\varphi_{\gamma C} + \dfrac{\pi}{3}\right)} \end{cases} \tag{3.39}$$

可以看出，第 γ 次电流谐波将产生 $(\gamma \pm 1)p_n$ 次的波动力矩，波动力矩的幅值与电流第 γ 次谐波幅值有着大致相同的数量级。若存在幅值为 ΔI_γ 的 γ 次电流谐波，此时电磁波动力矩可表示为

$$\Delta T_r = 2\Delta I_\gamma \cos\left(\frac{\gamma \pm 1}{2}\theta_e\right) \tag{3.40}$$

可以看出，电流谐波成分将导致幅值为 $2\Delta I_\gamma$ 的 $(\gamma \pm 1)p_n$ 次电磁波动力矩。

(7)电势偏差产生的电磁波动力矩。

电势偏差产生的电磁波动力矩与电流偏差产生的电磁波动力矩具有相同的形式，只需将上述分析过程中的电流偏差改为电势偏差即可。若电流和电势中同时存在偏差，则会有更多电磁波动力矩的形式出现，但它们均属于二次偏差，幅值通常较小，可以不予考虑。

3.3.2 波动力矩的抑制方法

从电机设计工艺方面,可采用以下方法抑制波动力矩。

1. 齿槽波动力矩的抑制方法

(1)斜槽或斜极。

斜槽或斜极可以减小转子旋转方向上的磁阻变化,并能够改善定子绕组分布,从而降低齿槽波动力矩。但是斜槽或斜极会使电机的平均转矩减小,定子结构变得复杂,并可能带来互感增大、杂散损耗增大等问题。

(2)分数槽。

分数槽绕组常用于不能用斜槽或每相槽数较少的电机。这种方式会使齿槽波动力矩具有较高的频率和较低的幅值,但同时也明显地降低了转矩的基波幅值和平均转矩。

(3)极槽配合。

通过极槽配合,令齿槽数为奇数并使其与电机极数之间没有公约数,可以使干扰的谐波分量降低。

(4)磁性槽楔和闭口槽。

磁性槽楔是指在电机的定子槽口上涂压一层磁性槽泥,其固化后会形成具有一定导磁性能的槽楔。磁性槽楔可以减小由于定子槽开口造成的影响,使定子和转子之间的气隙磁导分布更加均匀,从而减小齿槽波动力矩。闭口槽即定子槽不开口,槽口材料与齿部材料相同。二者的本质是相同的,即减小由于槽开口造成的影响。

(5)无槽式绕组。

齿槽波动力矩是由永磁体产生的磁通势与由定子开槽引起的磁阻变化相互作用产生的,因此最彻底的抑制方法是采用无槽式绕组结构,从而大幅度减小齿槽的波动力矩。

2. 电磁波动力矩的抑制方法

(1)充磁方式。

对于表贴式结构的电机,当电机极数较少时,径向充磁得到的气隙磁密接近方波,而平行充磁得到的气隙磁密接近正弦波;当极数较多时,二者产生的波形相似。根据电机激励方式选择合适的充磁方式可以使绕组波形尽可能接近理想波形,以减小电磁波动力矩。

(2)绕组类型。

在相同的气隙磁密波形下,绕组的结构会影响感应反电动势波形。对于正弦波驱动的永磁同步电机,常采用短距分布绕组的布局,此种方法会同时减小电磁波动力矩的基波和谐波。

3.4 位置域重复控制

3.4.1 时变周期干扰分析

采用矢量控制的永磁同步电机系统框图如图3.7所示，其中，i_c 为系统控制信号；K_s 为逆变器等效增益；L_s、R_s 分别为定子绕组的电感和电阻；K_T 为电机的力矩系数；T_L 为干扰波动力矩；J 为负载的转动惯量；ω 为系统运行的角速度；K_e 为反电势系数。对图3.7中被控对象设计PID控制器并闭环，可得到位置闭环伺服系统，如图3.8所示，其中，r 为参考位置的输入信号；$K(s)$ 为PID控制器；$u_c(s)$ 为控制器的输出信号；θ 为永磁同步电机的实际角位置；$P(s)$ 为广义被控对象。

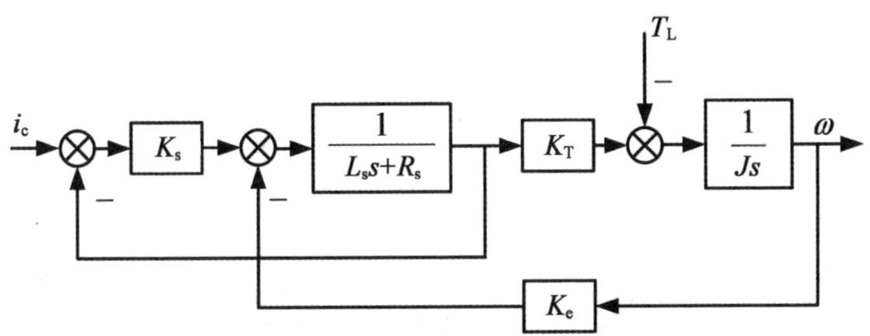

图3.7 采用矢量控制的永磁同步电机系统框图

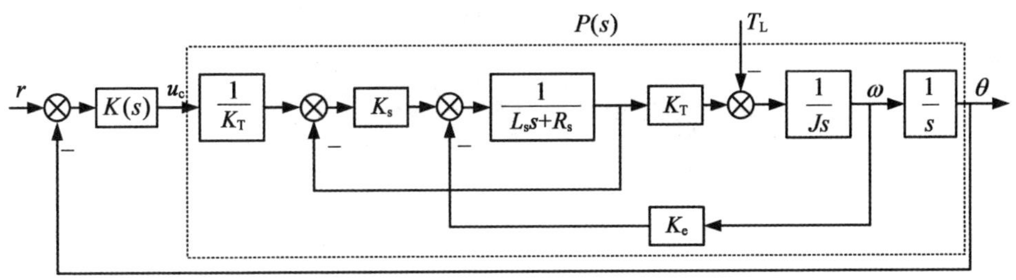

图3.8 位置闭环伺服系统框图

控制器输出信号 $u_c(s)$ 可表示为

$$u_c(s)=\frac{K(s)[JL_s s^3+J(R_s+K_s)s^2+K_T K_e s]}{JL_s s^3+J(R_s+K_s)s^2+K_T K_e s+K(s)K_s}R(s)+\frac{K(s)(L_s s+R_s+K_s)}{JL_s s^3+J(R+K_s)s^2+K_T K_e s+K(s)K_s}T_L(s) \tag{3.41}$$

恒速时,参考信号是斜率为 ω 的斜坡信号。当系统运行至稳态时,输出信号 u_c 包含两部分:一部分是对参考信号 $R(s)$ 的恒值响应,幅值为 $K_T K_e/\omega$;另一部分是对干扰力矩 T_L 的响应,其形式为与干扰力矩频率相同的正弦信号,因此可以通过分析信号 u_c 的频率成分观测出系统干扰力矩的特点。

当永磁同步电机在不同的恒速下运行时,实验测量控制器输出 u_c,结果如图3.9所示。将图3.9的输出信号分别进行快速傅里叶变换,不同恒速下的干扰频率如图3.10所示,低频处局部放大图如图3.11所示。可以看出,控制器输出具有明显的周期性,但不同速度下干扰的频率不同,即作用在系统上的干扰为时变周期干扰。

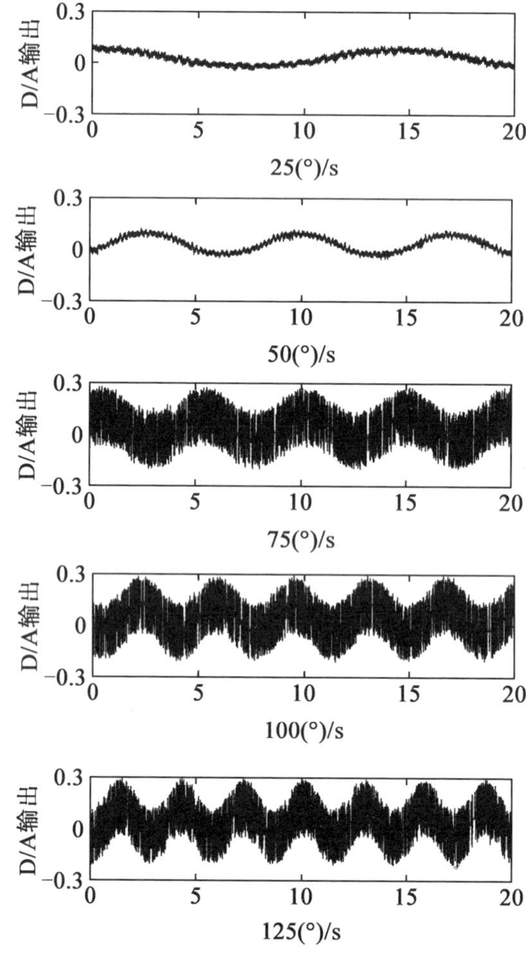

图3.9　不同恒速下永磁同步电机控制系统的控制器输出

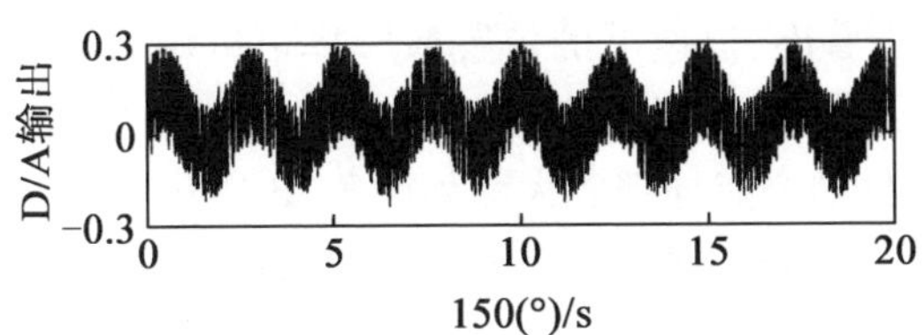

图 3.9（续）

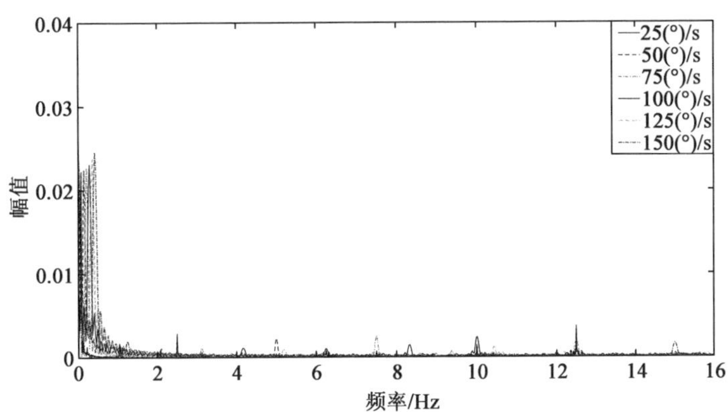

图 3.10　经过傅里叶变换，不同恒速下的干扰频率

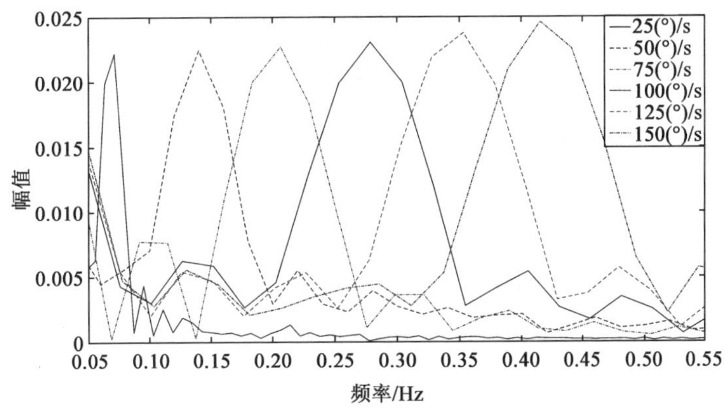

图 3.11　图 3.10 中低频处局部放大图

由 3.3.1 节的分析可知，干扰信号具有位置域周期特性，定义信号的位置域频率为

$$\hat{f}=\frac{1}{\omega T}=\frac{1}{\omega}f \tag{3.42}$$

式中　T——信号的时间周期，s；

f——周期 T 对应的频率，Hz。

从式(3.42)可以看出,恒速下的位置域频率可以由时间域频率通过线性变换获得。据此,对不同恒速下的控制器输出进行位置域傅里叶分析,如图3.12所示,其中位置域3处频率点局部放大图如图3.13所示。可以看出,不同速度下干扰信号在位置域呈现明显的集中分布,干扰成分的位置域基频为

$$\begin{cases}\hat{f}_1 = 1/360^\circ \\ \hat{f}_2 = 1/24^\circ \\ \hat{f}_3 = 1/10^\circ\end{cases} \tag{3.43}$$

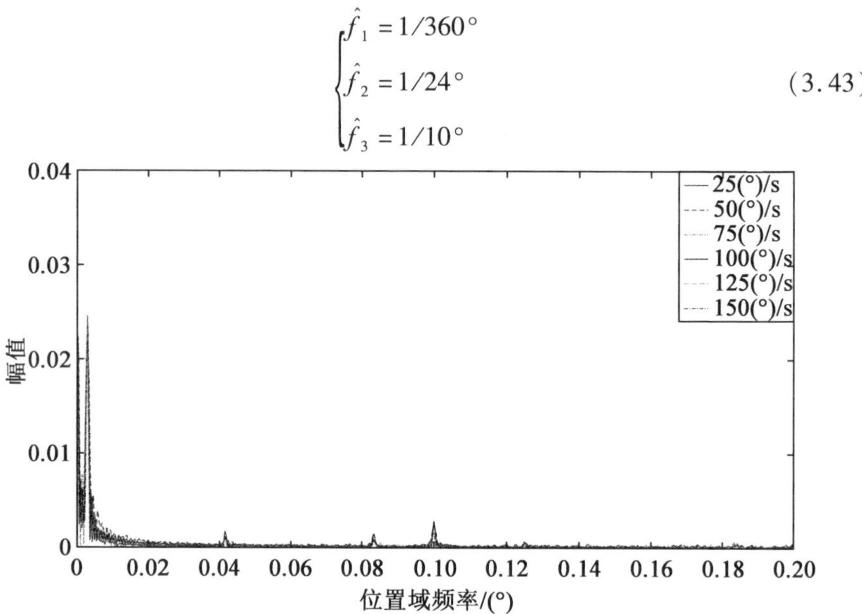

图3.12 不同恒速下控制器输出进行位置域傅里叶分析

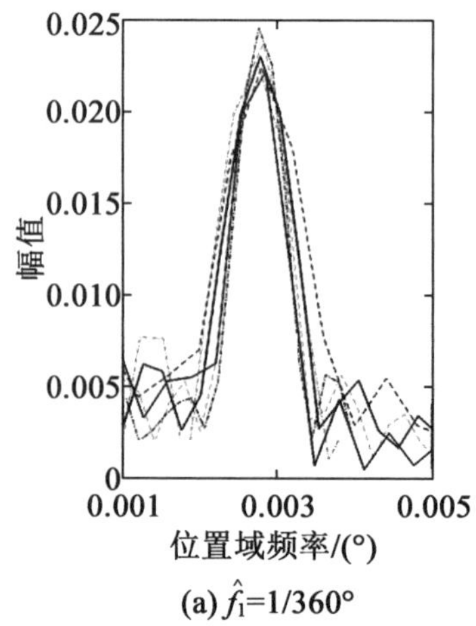

(a) $\hat{f}_1$=1/360°

图3.13 位置域3处频率点局部放大图

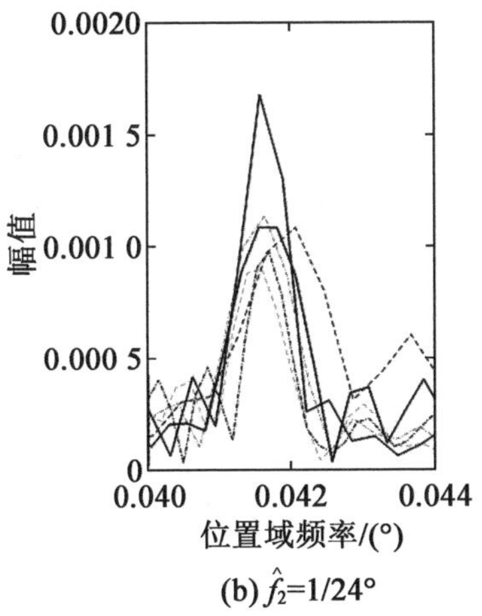

(b) $\hat{f}_2$=1/24°

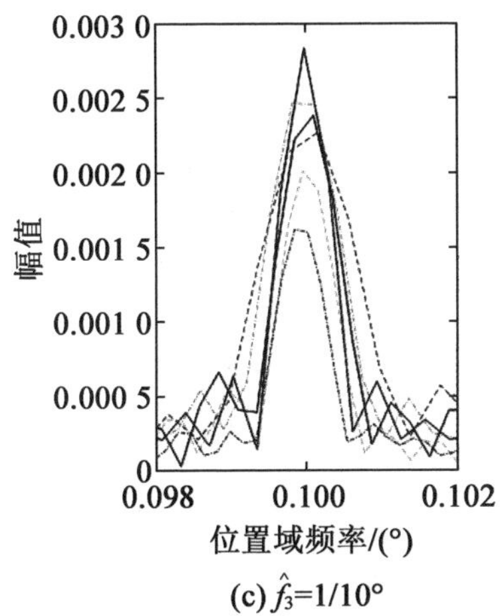

(c) $\hat{f}_3$=1/10°

图 3.13(续)

3.4.2　重复控制

重复控制是基于内模原理提出的,内模原理的核心是把外部信号的动力学模型植入控制器以构成高精度反馈控制系统。该原理指出,任何一个能良好地抵消外部干扰或跟踪参考输入信号的反馈控制系统,其反馈回路必然包含一个与外部输入信号相同的动力学模型,这个动力学模型称为内模。20 世纪 70 年代中期,Wonham 对线性定常系统给出了内模原理严谨的数学描述,推广到非线性系统后,又取得了一些进展。内模原理的建立,为完全消除外部干扰对控制系统的影响,以及使系统实现对任意形式参考输入信号无稳态误差的跟踪提供了理论依据。目前,内模原理已在线性定常系统和伺服系统的综合设计中得到了广泛的应用。

任意基频周期为 T 的周期信号可用傅里叶级数描述为

$$r(t) = \sum_{k=0}^{\infty}[a_k\cos(\omega_k t) + b_k\sin(\omega_k t)] = \sum_{k=-\infty}^{\infty} c_k e^{j\omega_k t} \tag{3.44}$$

式中 a_k、b_k——比例系数;

$c_k = (a_k - ib_k)/2$, $c_{-k} = \bar{c}_k$;

ω_k——基波和各谐波的频率,$\omega_k = 2k\pi/T$。

该信号的内模可表示为

$$R(s) = \frac{1}{s}\prod_{k=1}^{\infty}\frac{\omega_k^2}{s^2 + \omega_k^2} \tag{3.45}$$

通过双曲正弦函数变换

$$\sinh(\pi s) = \pi s\prod_{k=1}^{\infty}\left(1 + \frac{s^2}{k^2}\right) \tag{3.46}$$

可以得出式(3.44)所描述信号的内模为

$$R_0(s) = \frac{1}{1 - e^{-Ts}} \tag{3.47}$$

重复控制器结构图如图 3.14 所示。由式(3.47)可知

$$|R_0(j\omega)|_{\omega=\omega_k}| = \infty$$

即重复控制器在此周期信号的基频和各次倍频处的增益均为无穷大,其 Bode 图如图3.15 所示。因此,理论上式(3.47)描述的重复控制器可以实现对基频周期为 T 的参考输入信号的完全跟踪或对干扰信号的完全抑制,但在应用于实际系统前,需要保证闭环系统的稳定性。

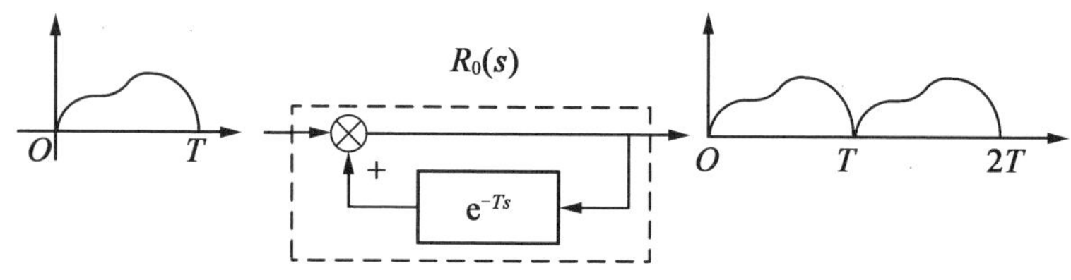

图 3.14 重复控制器结构图

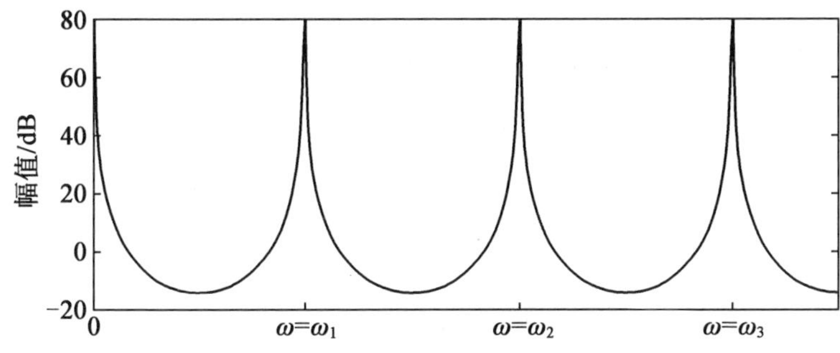

图 3.15　重复控制器 Bode 图

由式(3.47)可知,重复控制器的开环极点 ω 为 0, $\pm j\omega_1$, $\pm 2j\omega_2$,…,这会使系统处于临界稳定状态,因此需要引入补偿环节 $Q(s)$ 来解决稳定性问题。引入 $Q(s)$ 补偿环节的重复控制器如图3.16所示,补偿后的重复控制器用 $R(s)$ 表示。

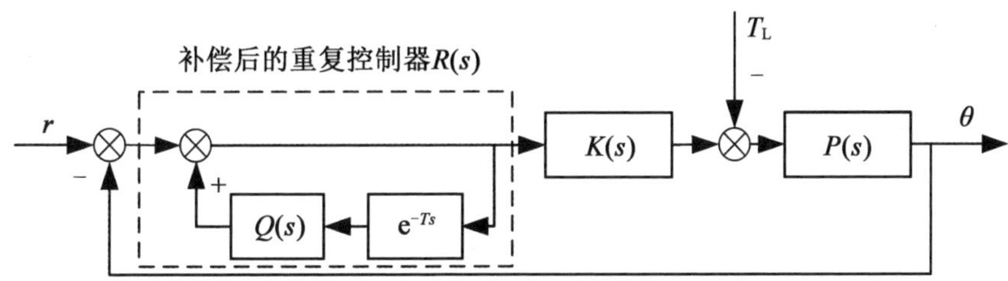

图 3.16　引入 $Q(s)$ 补偿环节的重复控制器

根据小增益原理,图 3.16 对应的闭环系统的稳定性条件可表示为

$$\left|\frac{Q(s)e^{-Ts}}{1+K(s)P(s)}\right|<1,\quad \forall s=j\omega \tag{3.48}$$

由于 e^{-Ts} 的模对于任意 $s=j\omega$ 恒定为 1,因此系统的稳定性条件可转化为

$$|Q(s)|<|1+K(s)P(s)|,\quad \forall s=j\omega \tag{3.49}$$

3.4.3　有限维位置域重复控制

对于仅含有有限个主要频率成分的干扰信号,可以采用有限维位置域重复控制的策略对其进行抑制。对任意位置域信号 $\hat{g}(\theta)$,定义位置域拉式变换

$$\hat{G}(\tilde{s}) = \int_0^{\infty}\hat{g}(\theta)e^{-\tilde{s}\theta}d\theta \tag{3.50}$$

式中　$\tilde{s}$——位置域拉式变换算子。

因此针对有限个干扰频率,可设计有限维位置域重复控制器为

$$\hat{R}(\tilde{s}) = \prod_{i=1}^{N}\hat{R}_i(\tilde{s}) = \prod_{i=1}^{N}\frac{\tilde{s}^2+2\mu_i\omega_{ni}\tilde{s}+\omega_{ni}^2}{\tilde{s}^2+2\nu_i\omega_{ni}\tilde{s}+\omega_{ni}^2} \tag{3.51}$$

式中 N——需要抑制的周期性干扰频率点的数量；

μ_i 和 ν_i——满足 $0<\nu_i<\mu_i<1$ 的重复控制器阻尼；

ω_{ni}——周期干扰力矩的位置域角频率，rad/(°)。

$\hat{R}_i(\tilde{s})$的位置域状态空间表达式为

$$\begin{cases}\dfrac{\mathrm{d}\hat{x}_i(\theta)}{\mathrm{d}\theta}=\begin{bmatrix}0 & 1\\ -\alpha_{i0} & -\alpha_{i1}\end{bmatrix}\hat{x}_i(\theta)+\begin{bmatrix}\beta_{i0}\\ \beta_{i1}\end{bmatrix}\hat{u}_i(\theta)\\ \hat{y}_i(\theta)=\begin{bmatrix}1 & 0\end{bmatrix}\hat{x}_i(\theta)+\hat{u}_i(\theta)\end{cases} \tag{3.52}$$

式中 $\hat{x}_i(\theta)$——位置域状态变量；

$\hat{u}_i(\theta)$——位置域输入；

$\hat{y}_i(\theta)$——位置域输出。

其他参数可表示为

$$\begin{cases}\alpha_{i0}=\omega_{ni}^2\\ \alpha_{i1}=2\nu_i\omega_{ni}\\ \beta_{i0}=2(\mu_i-\nu_i)\omega_{ni}\\ \beta_{i1}=-4\nu_i(\mu_i-\nu_i)\omega_{ni}^2\end{cases} \tag{3.53}$$

利用域转换原理，用时间 t 作为自变量代替角位置 θ，可以通过时间采样实现位置域控制器，如图 3.17 所示。当任意信号从位置域转换至时间域时，只是将信号的横坐标进行变换，而信号本身并没有实质性的变化，所以当位置域的信号被转换到时间域后，信号实际的物理本质不变。

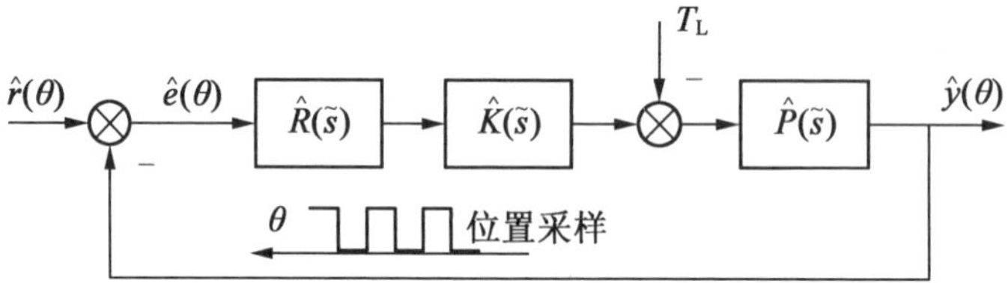

(a)位置域采样重复控制系统

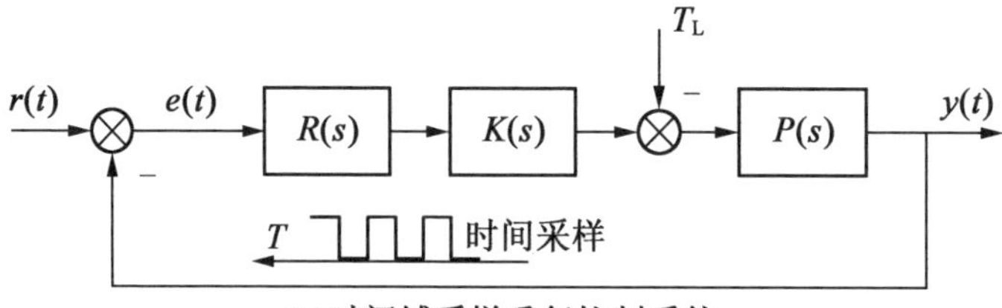

(b)时间域采样重复控制系统

图 3.17 两种采样方式的重复控制系统

位置域到时间域的微分转换关系为

$$\frac{\mathrm{d}\hat{x}_i(\theta)}{\mathrm{d}\theta}=\frac{\mathrm{d}t}{\mathrm{d}\theta}\cdot\frac{\mathrm{d}\,\hat{x}_i(\theta)}{\mathrm{d}t}=\frac{1}{\omega(t)}\cdot\frac{\mathrm{d}x_i(t)}{\mathrm{d}t} \tag{3.54}$$

式中　$\omega(t)=\mathrm{d}\theta/\mathrm{d}t$。

利用域转化关系可将式(3.52)的位置域状态空间表达式转换到时间域，具体形式可表示为

$$\begin{cases}\dfrac{\mathrm{d}x_i(t)}{\mathrm{d}t}=\omega(t)\begin{bmatrix}0 & 1\\ -\alpha_{i0} & -\alpha_{i1}\end{bmatrix}x_i(t)+\omega(t)\begin{bmatrix}\beta_{i0}\\ \beta_{i1}\end{bmatrix}u_i(t)\\ y_i(t)=\begin{bmatrix}1 & 0\end{bmatrix}x_i(t)+u_i(t)\end{cases} \tag{3.55}$$

不同参数下位置域有限维重复控制器的 Bode 图如图 3.18 所示。当固定参数 $\mu_i=0.5$、$\nu_i=0.005$ 时，不同速度条件下位置域有限维重复控制器的 Bode 图如图 3.19 所示。可以看出，随着速度的增加，该控制器抑制的干扰频率也随之变大。如果系统的速度为常值，则系统中的干扰既是位置域周期函数也是时间域周期函数，此方法同样有效。

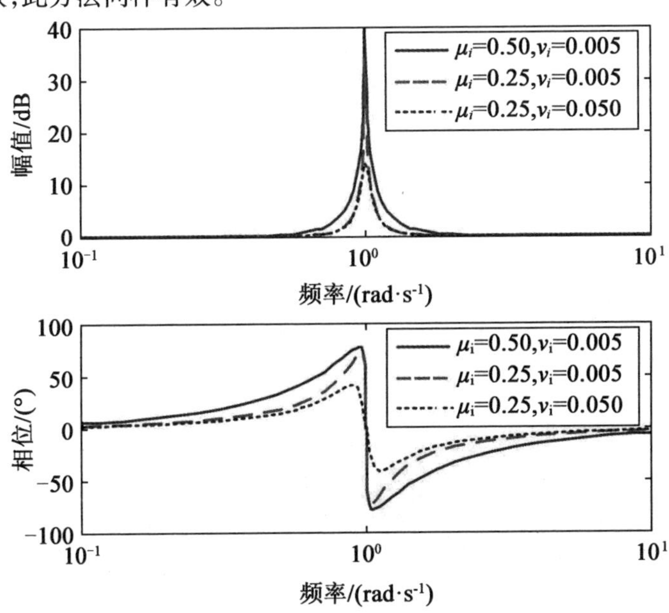

图 3.18　不同参数下位置域有限重复控制器的 Bode 图

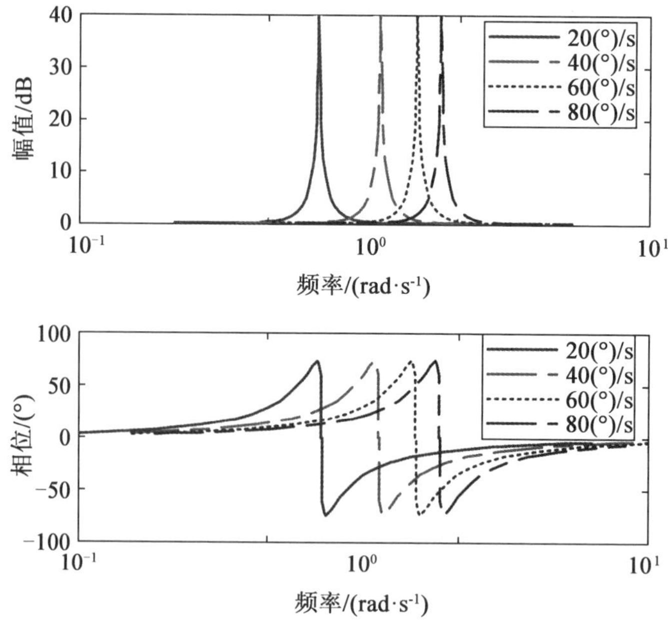

图 3.19 $\mu_i=0.5$、$v_i=0.005$ 时，不同速度条件下位置域有限维重复控制器的 Bode 图

当系统控制器仅有稳定控制器 $K(s)$，不加入有限维位置域重复控制器 $R(s)$ 时，系统位置误差曲线如图 3.20 所示；当系统的控制器为 $K(s)$ 和有限维位置域重复控制器 $R(s)$ 串联时，系统位置误差曲线如图 3.21 所示。通过比较可以明显地看出，当系统中不含有限维位置域重复控制器 $R(s)$ 时，系统位置误差中包含明显的周期性成分；相比之下，加入有限维位置域重复控制器 $R(s)$ 后，位置周期干扰被显著地抑制了。

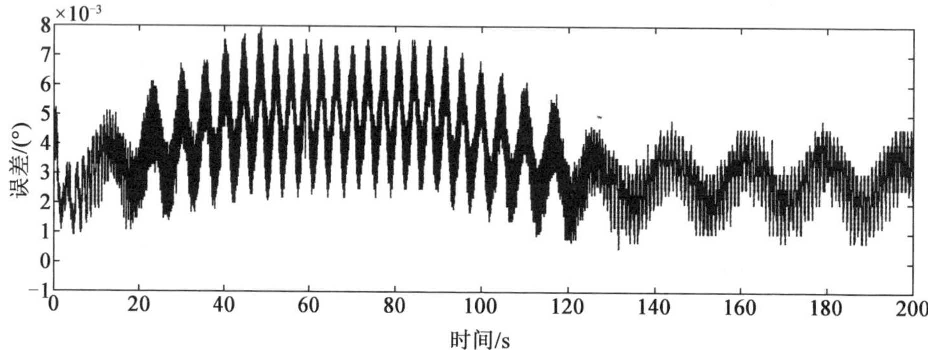

图 3.20 当系统控制器仅有稳定控制器 $K(s)$，不加入有限维位置域重复控制器 $R(s)$ 时系统的位置误差曲线

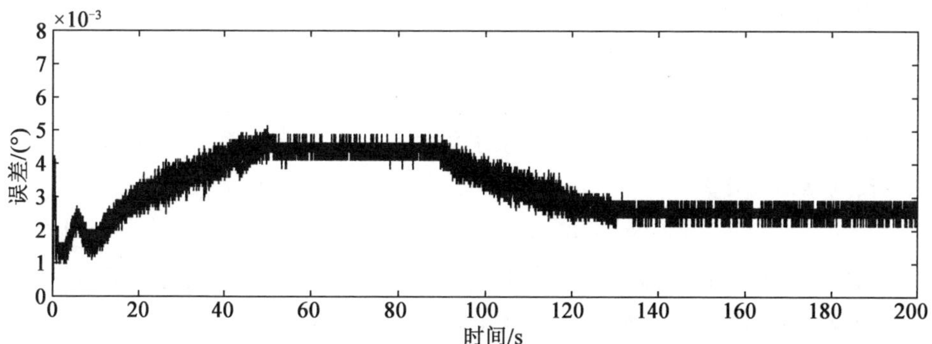

图 3.21　当系统的控制器为 $K(s)$ 和有限维位置域重复控制器 $R(s)$ 串联时的系统位置误差曲线

3.4.4　延迟内模位置域重复控制

对于干扰信号含有多种基频信号或倍频信号的情况，有限维位置域重复控制的串联形式会导致系统的阶数过高，此时可以考虑使用延迟内模位置域重复控制的策略对其进行抑制。式(3.44)在位置域可表示为

$$\hat{r}(\theta) = \sum_{k=-\infty}^{\infty} c_k \mathrm{e}^{\mathrm{j}\frac{2k\pi\theta}{\lambda}} \tag{3.56}$$

式中　λ——基波周期为 T 的信号的位置域周期，$\lambda = \omega_r T$。

针对此位置域周期的干扰，延迟内模位置域重复控制器可设计为

$$\hat{R}(\tilde{s}) = \frac{1}{1 - \mathrm{e}^{-\lambda\tilde{s}}} \tag{3.57}$$

在位置域重复控制中，可以设计位置域补偿器 $\hat{Q}(\tilde{s})$ 实现图 3.16 中的时间域补偿环节 $Q(s)$，即

$$\hat{Q}(\tilde{s}) = \frac{\omega_{sc}^2}{\tilde{s}^2 + 2\xi\omega_{sc}\tilde{s} + \omega_{sc}^2} \tag{3.58}$$

式中　ω_{sc}——位置域转折频率，rad/(°)；

$\xi = \sqrt{2}/2$。

将 $\hat{Q}(\tilde{s})$ 转化到时间域后的状态空间表达式，即 $Q(s)$ 的状态空间表达式为

$$\begin{cases} \dfrac{\mathrm{d}x_i(\theta)}{\mathrm{d}t} = \omega(t)\begin{bmatrix} 0 & 1 \\ -\omega_{sc}^2 & -\sqrt{2}\omega_{sc} \end{bmatrix} x_i(\theta) + \omega(t)\begin{bmatrix} 0 \\ \omega_{sc}^2 \end{bmatrix} u_i(\theta) \\ y_i(\theta) = [1 \quad 0]\, x_i(\theta) \end{cases} \tag{3.59}$$

$Q(s)$的形式为

$$Q(s)=\frac{\omega_{sc}^{2}\omega^{2}(t)}{s^{2}+\sqrt{2}\omega_{sc}\omega(t)s+\omega_{sc}^{2}\omega^{2}(t)} \tag{3.60}$$

$Q(s)$的转折频率为$\omega_{sc}\omega(t)$，与系统角频率呈正比例关系，因此式(3.49)的稳定性判据需转化为

$$|Q(j\omega)|_{\omega(t)=\omega_{max}}|<|K(j\omega)G(j\omega)+1| \tag{3.61}$$

虽然$\hat{Q}(\tilde{s})$的引入可以保证系统稳定性，但也产生了一些问题：由于$\hat{Q}(\tilde{s})$在各个频段均会产生相位滞后，导致延迟内模频率补偿点偏移，因此需要补偿相位滞后，经过相位补偿后的延迟内模位置域重复控制器可表示为

$$\hat{R}^{*}(\tilde{s})=\frac{1}{1-\hat{Q}(\tilde{s})\mathrm{e}^{-\left(\lambda-\frac{\sqrt{2}}{\omega_{sc}}\right)\tilde{s}}} \tag{3.62}$$

图3.22所示为控制器的灵敏度曲线。可以看出，经过相位补偿后的重复控制器补偿的频率点能够较好地对应需要抑制的频率；而无相位补偿的重复控制器出现了明显的频率偏移，且随着倍频倍数的增加，这种频率偏移也愈发明显。

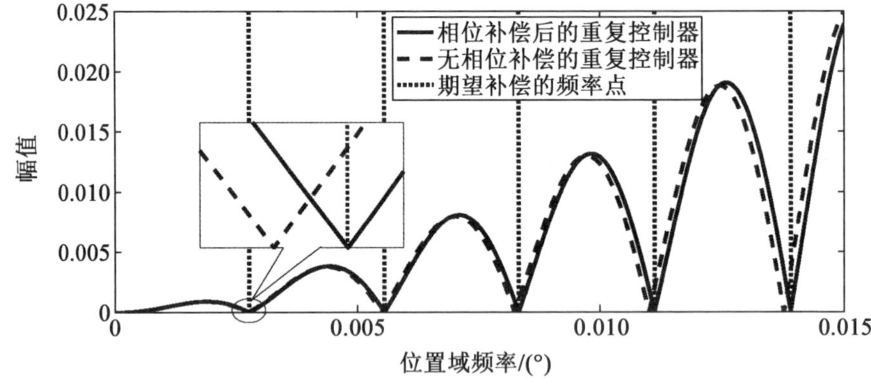

图3.22 控制器的灵敏度曲线

当系统中仅包含稳定控制器$\hat{K}(\tilde{s})$，不加入延迟内模位置域重复控制器$\hat{R}^{*}(\tilde{s})$时，系统的位置误差曲线如图3.23所示；当闭环系统控制器为$\hat{K}(\tilde{s})$和$\hat{R}^{*}(\tilde{s})$串联时，系统的位置误差曲线如图3.24所示。可以看出，延迟内模位置域重复控制能够很好地抑制误差中的位置域周期扰动成分。

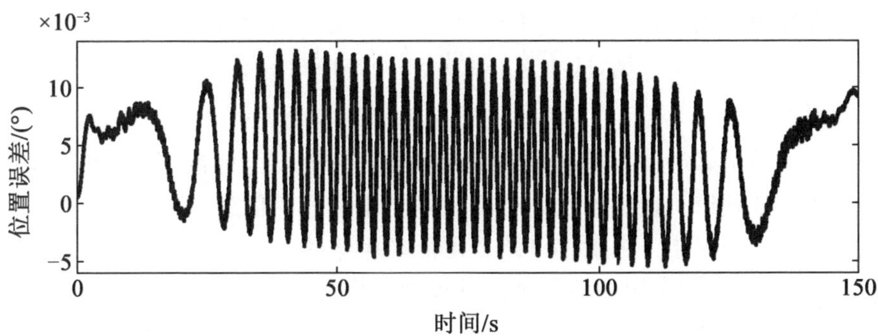

图3.23　当系统中仅包含稳定控制器 $\hat{K}(\tilde{s})$，不加入延迟内模位置域重复控制器 $\hat{R}^*(\tilde{s})$ 时系统的位置误差曲线

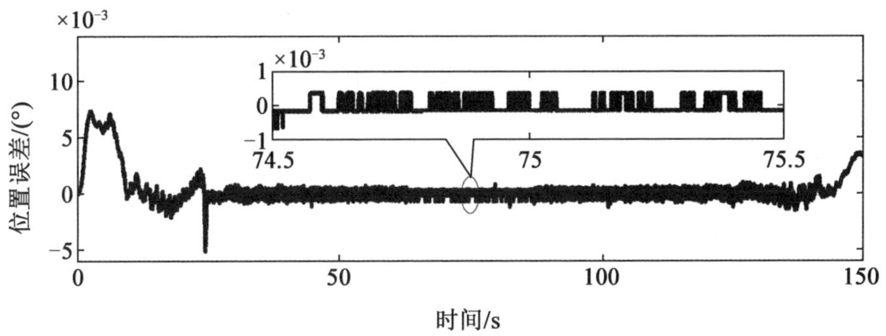

图3.24　当闭环系统控制器为 $\hat{K}(\tilde{s})$ 和 $\hat{R}^*(\tilde{s})$ 串联时系统的位置误差曲线

3.5　电磁兼容性设计

国际电动委员会对电磁兼容性(Electro Magnetic Compatibility,EMC)的定义为:设备或系统在其电磁环境中符合要求运行并不对其环境中的任何设备产生无法忍受的电磁干扰的能力。因此EMC包含两个要求:一方面是指设备正常运行过程中对所在环境产生的电磁干扰(Electro Magnetic Interference,EMI)不能超过一定的限制;另一方面是指设备本身对所在环境中的电磁干扰具有一定程度的抗干扰能力,即电磁敏感性(Electro Magnetic Susceptibility,EMS)。

3.5.1　电磁干扰问题

电磁干扰可以分为传导干扰和辐射干扰两种。传导干扰指的是利用导电介质把一个电网络上的信号耦合(干扰)到另一个电网络中;而辐射干扰指的是干扰源通过空间把其信号耦合(干扰)到另一个电网络上。

1. 传导干扰

传导干扰沿着导体传播,任何导体如导线、传输线、电感器、电容器等都是传导干扰的传输通道。这种干扰信号可以是不带有任何信息的噪声,如电源开关瞬间产生的火花对于一个敏感电路就可能产生干扰;也可以是带信息的无用信号,即当某个通道中有用的信号进入其他通道中后,就变为带信息的无用信号,将会对其他通道造成干扰。

传导干扰的途径称为传导干扰传输通道,具体可分为以下几种:

(1)电场耦合。

电场耦合由干扰源和接收器之间通过导线以及部件的电容相互铰链构成。

(2)公共阻抗耦合。

公共阻抗耦合由干扰源和接收器之间通过公共阻抗上的电流或电压铰链构成。

(3)互感耦合。

互感耦合实际上是磁场耦合,由干扰源和接收器之间通过干扰源电流产生的磁场相互铰链构成。

传导干扰的基本性质包括频谱、幅度、波形和出现率。

(1)频谱。

电信号在低频时按集中参数电路处理(即电路分析基础提出的电路模型),在高频时按分布参数电路处理(即微波理论提出的电路模型)。传导干扰频谱可分为窄带干扰和宽带干扰。窄带干扰指带宽只分布在几十到几百千赫;宽带干扰指带宽分布在几十到几百兆赫甚至更宽的频带范围。

(2)幅度(规定带宽条件下的发射电平)。

干扰幅度可表现为多种形式,这其中更加注重不同频率的幅度分布(确定的幅度值出现次数的百分率),典型干扰是热噪声和冲击噪声。热噪声具有高斯分布的幅度概率,这类噪声的电压或电流的峰值或平均值都正比于检测设备的带宽,不受带宽限制的热噪声则称为白噪声;冲击噪声的电流或电压峰值正比于检测设备的带宽,其平均值与频带无关。

(3)波形。

波形是决定带宽的重要因素,上升斜率越陡,所占带宽就越宽。因此传导干扰减小到最小的方法之一就是在可靠工作的情况下使设计的脉冲波形具有尽可能长的上升时间。通常脉冲下的面积决定了频谱中的低频含量,而其高频成分与脉冲沿的陡度有关。在所有脉冲中,高斯脉冲的占有带宽最窄。

(4)出现率。

传导干扰信号在时间轴上出现的规律称为出现率。按出现率可把电函数分为周期性、非周期性和随机性 3 种类型。

2. 辐射干扰

构成辐射干扰源的两个必要条件是:有产生电磁波的干扰源;能够通过一定方式将电磁波辐射出去。构成辐射干扰源的系统必须具有开放结构,且其几何尺寸需要与电磁波在同一量级上。各种天线、布线、结构件、元件或部件满足辐射条件时,一旦与接收天线相互作用,便能产生天线效应,造成辐射干扰。

辐射干扰的传播受两方面影响,首先是电磁波本身的特性,如频率、波长、方向、极化等;其次是传输通道的介质特性,如自由空间、土地、海水、森林、山岭等。不同的电磁波在不同的介质里传输方式不同。在《环境电磁波卫生标准》(GB 9175—88)中,按频率分布将辐射干扰的电磁波分为以下 5 种:

(1)长波:100 ~ 300 kHz,又称地波,沿地球表面绕射传播。

(2)中波:300 kHz ~ 3 MHz,沿地球表面绕射或经电离层反射传播。

(3)短波:3 ~ 30 MHz,又称天波,主要经电离层反射传播,其次沿地球表面绕射。

(4)超短波:30 ~ 300 MHz,主要在自由空间直线传播,其次沿地球表面绕射或经电离层反射传播。

(5)微波:300 MHz ~ 300 GHz,主要在自由空间直线传播。

无论电磁波在地表面绕射、经电离层反射,或是在自由空间直射,在传播过程中都会发生能量损耗。按照电磁波的频率同样将其分为 5 种损耗,其中超短波传播损耗是最常见的损耗类型,其主要包括:

(1)几何视距之内超短波传播损耗。

(2)几何视距附近超短波传播损耗。

(3)有效视距超短波传播损耗。

(4)山岭屏蔽损耗。

(5)超短波在对流层散射的传播损耗。

3.5.2　电磁兼容性标准

电磁兼容问题在国际上受到普遍关注,许多国际组织机构从事着电磁兼容标准化工作,如国际电工委员会(IEC)、国际大电网会议(CIGRE)、国际发供电联盟(UNIPEDE)、国际电报电话咨询委员会(CCITT)、国际无线电咨询委员会(CCIR)、国际电信联盟(ITU)及美国电气电子工程师学会(IEEE)等。包含的主要测量范围如下。

1. 传导辐射测量

传导辐射测量也称骚扰电压测试，只要有电源线的产品都会涉及。另外，信号、控制线在很多标准中也有传导辐射的要求，通常用骚扰电压或骚扰电流的限值（两者有相互转换关系）表示。

传导辐射测量用于检测电子设备在电源线或数据线上引起的噪声，测试包括交直流电源端骚扰电压、断续干扰、负载端骚扰电压、通信线骚扰电压和插入损耗等，通过接收机检波器的测量值分别与限值线做比较，低于限值线为合格，高出限值线为不合格。

2. 发射辐射测量

发射辐射是指物质吸收能量后产生的电磁辐射现象，其实质为辐射导致的能量变化。当物质的颗粒吸收能量被激发至高能后，瞬间返回基态或低能态时，多余的能量将以电磁辐射的形式释放出来。辐射发射有两种基本类型：差模（DM）辐射和共模（CM）辐射。就电场大小而言，CM 辐射是比 DM 辐射更为严重的问题。

测试时可用连接到电磁兼容分析仪或接收机的宽带天线测量从测试设备辐射到自由空间的发射辐射，并通过旋转测试设备找到最大的辐射。可重复测量的关键是选择无反射物体的区域，每次测量要将测试设备和测试仪器放在相同的位置上。测试内容包括电场辐射、磁场辐射和骚扰功率等，通过接收机检波器的测量值分别与限值线做比较，低于限值线为合格，高出限值线为不合格。

3. 诊断和问题隔离

一旦通过传导和发射辐射测量检测到问题，就需要处理设备的电磁隔离问题。诊断和问题隔离一般按照如下步骤进行：

（1）关掉受试设备的电源，观察干扰是否存在，以确定噪声是否由受试设备产生。

（2）将连接受试设备的周边电缆逐一取下，观察噪声是否消失或降低。若取下某一电缆时，噪声的频率消失或者减小，则可知此电缆已成为天线，将受试设备内的噪声辐射出来。由于电磁干扰的来源一般要有天线的存在才能产生辐射，因此若仅单独存在噪声源而没有天线，则此辐射量很小，而一旦将其连接到天线，能量就可辐射到空间。

（3）电源线若无法移去，可在其上加磁芯或对其进行水平垂直摆动，观察噪声是否变化。若产品有电池设备，则可取下电池再判断，如笔记本电脑等。电源线往往会成为辐射天线，300 MHz 以上的噪声会由空间耦合到电源线，所以判断产品的电源线是否受到感染是必需的步骤。由于噪声频带的影响，对 200 MHz 以下可用加磁芯的方式（可一次多加数个）判断；而对于 200 MHz 以上的噪声，加

磁芯的作用不大,因此可将电源线水平摆放和垂直摆放,观察干扰噪声是否有差别。若水平和垂直有很明显的差别,则可一边摆动电源线,一边观察频谱仪上噪声大小是否变化,如此便可知道电源线是否存在干扰。

(4)检查电缆接头端的接地螺丝是否旋紧及外端接地是否良好。依以上3个步骤大略寻找问题所在后,必须再做一些检查,通过这些检查,也许不需做任何修改,便可通过EMI测试。例如,检查电缆端的螺丝是否锁紧,有时将松掉的螺丝上紧,可加强电缆线的屏蔽效果;可检查机器外接的连接器接地是否良好,若外壳为金属且有喷漆,则可将连接器处的喷漆刮掉,使其接地效果更佳;若使用隔离的电缆线,必须检查接头端处外覆的金属是否与铁盖密合,许多不佳的屏蔽线(RS232)多因线接头的外覆屏蔽金属和连接端的地未密合,以致无法充分达到屏蔽的效果。

3.5.3　电磁兼容措施

对于存在电磁干扰的系统,需要采用完备的电磁兼容措施降低系统的电磁敏感性,保证系统的电磁兼容指标。通过接地、屏蔽、滤波、隔离等措施来抑制电磁干扰源和敏感对象之间的电磁能量耦合,可以有效削弱电磁干扰对敏感对象的影响,从而有利于被研究对象符合相关的电磁兼容标准要求。

1. 接地

接地是指系统的某个选定点与某个电位基准面之间建立低阻的导电通路,主要目的是抑制传导干扰。这里的"地"通常有两种含义:"大地"或"系统基准地"。大地指以地球的电位为基准,并以大地为零电位,把电子设备的金属外壳、线路选定点等通过接地线、接地极等组成的装置与大地连接;系统基准地简称系统地,指信号回路的基准导体(电子设备通常以金属底座、机壳、屏蔽罩、铜线、铜带等作为基准导体),并设该基准导体为相对零电位,但不是大地零电位。接地可以为信号电压提供一个稳定的零电位参考点,更重要的是可以降低系统受到的电磁干扰,提高系统的电磁兼容性及系统的安全性。

2. 屏蔽

电磁屏蔽是解决电磁兼容问题的重要手段之一,大部分电磁兼容问题都可以通过电磁屏蔽来解决,该方法主要是为了防护辐射干扰。用电磁屏蔽的方法解决电磁干扰问题的最大好处是不会影响电路的正常工作,因此不需要对电路做任何修改。屏蔽体的有效性可用屏蔽效能度量,屏蔽效能是指没有屏蔽时空间某个位置的场强与有屏蔽时该位置的场强的比值,它表征了屏蔽体对电磁波的衰减程度。如果在屏蔽效能计算中使用的是磁场场强,则称为磁场屏蔽效能;如果计算中使用的是电场场强,则称为电场屏蔽效能。屏蔽一般与接地配合使用,才能起到良好的电磁兼容效果。

3. 滤波

电磁干扰滤波器又称 EMI 滤波器,是一种用于抑制电磁干扰,特别是电源线路或控制信号线路中噪声的电子线路设备。需要实施滤波的情况有:在高频系统中,为了抑制工作频带以外的任何频带上的干扰信号;在各种信号电路中,为了消除频谱成分不同于有用信号的干扰信号;在电源电路、操纵电路、控制电路及转换电路中,为了消除这些电路存在的干扰信号。

4. 隔离

最常用的隔离元件是光电耦合器,即通过半导体发光二极管(LED)的光发射和光敏半导体(如光敏电阻、光敏二极管、光敏三极管、光敏晶闸管等)的光接收实现信号的传递。由于发光二极管和光敏半导体是互相绝缘的,因此能够实现电路隔离,并降低电磁干扰。

本章参考文献

[1] 秦忆. 现代交流伺服系统[M]. 武汉:华中理工大学出版社, 1995.

[2] BINNS K J, BARNARD W R, JABBAR M A. Hybrid permanent - magnet synchronous motors[J]. Proceedings of the Institution of Electrical Engineers, 1978, 125(3): 203-208.

[3] 兰华. 永磁同步电机的电磁力波与电磁振动研究[D]. 哈尔滨:哈尔滨工业大学, 2019.

[4] VAFAIE M H, DEHKORDI B M, MOALLEM P, et al. Minimizing torque and flux ripples and improving dynamic response of PMSM using a voltage vector with optimal parameters[J]. IEEE Transactions on Industrial Electronics, 2016, 63(6): 3876-3888.

[5] KRAUSE P C. Analysis of electric machinery[M]. New York: McGraw - Hill, 1986.

[6] 唐任远. 现代永磁电机——理论与设计[M]. 北京:机械工业出版社, 2016.

[7] 梅晓榕, 柏桂珍, 张卯瑞. 自动控制元件及线路[M]. 5 版. 北京:科学出版社, 2013.

[8] 王成元, 周美文, 郭庆鼎. 矢量控制交流伺服驱动电动机[M]. 北京:机械工业出版社, 1995.

[9] 许大中. 交流电机调速理论[M]. 杭州:浙江大学出版社, 1991.

[10] 李志民,张遇杰,同步电机调速系统[M]. 北京:机械工业出版社, 2001.

[11] 王强,孙力,陆永平. 无刷直流电动机系统波动力矩的抑制方法[J]. 微电机,1998(5):7-10.

[12] 付求涯, 刘新才. 永磁无刷直流电机齿槽转矩的最小化技术[J]. 微特电机, 2003, 3(6): 10-12.

[13] WONHAM W M. Towards an abstract internal model principle[J]. IEEE Transactions on Systems, Man, and Cybernetics, 1976, 6(11): 735-740.

[14] HUO X, TONG X G, LIU K Z, et al. A compound control method for the rejection of spatially periodic and uncertain disturbances of rotary machines and its implementation under uniform time sampling [J]. Control Engineering Practice, 2016, 53: 68-78.

[15] HUO X, WANG M Y, LIU K Z, et al. Attenuation of position - dependent periodic disturbance for rotary machines by improved spatial repetitive control with frequency alignment [J]. IEEE/ASME Transactions on Mechatronics, 2020, 25(1): 339-348.

[16] LIU S, LIU W. Progress of relevant research on electromagnetic compatibility and electromagnetic protection[J]. High Voltage Engineering, 2014, 40(6): 1605-1613.

[17] 何宏,张宝峰,张大建,等. 电磁兼容与电磁干扰[M]. 北京:国防工业出版社, 2007.

[18] 杨吟梅. 变电站内电磁兼容问题(一)——有关的基本概念[J]. 电网技术,1997,21(2):62-65, 69.

第4章

精密离心机动平衡

4.1 概　　述

精密离心机产生的加速度准确度和姿态准确度将直接影响被测负载的标定精度,其产生的加速度场的准确度主要由工作半径测量精度和旋转速率精度决定。由于制造工艺水平的限制和安装误差等因素,精密离心机转子上存在质量偏心,导致运行过程中离心机的几何轴线将偏离旋转轴线,从而影响精密离心机的工作半径以及运行速率的平稳性,严重时还可能对离心机造成损坏。为满足加速度精度指标,必须将动平衡的调节精度控制在合理的范围内。因此,动平衡技术是精密离心机设计中的一项关键技术。

本章将介绍转子动平衡技术的基本问题,对转子动平衡、技术发展以及动平衡方法进行阐述。然后,分别对基于电容测微仪、地脚测力传感器以及两者融合的3种精密离心机的动平衡方法进行详述。最后,针对双轴精密离心机的主轴与副轴动平衡问题,给出一种基于轴线测量的方法,并进行了仿真和试验验证。

4.2　转子动平衡技术

4.2.1　转子动平衡问题

旋转机械在运行时，振动的幅度越小越好。在旋转产生振动的各种原因中，最主要的原因就是“不平衡力”，即由转子质量不平衡引起的振动。理论上，转子沿轴的每一段的重心应与几何中心线重合。然而，由于结构设计导致转子材料内部组织不均匀、加工和装配过程中的误差、转子运行中的磨损和腐蚀不均等原因，转子的惯性主轴往往会偏离其旋转轴线。因此，当质量不平衡的转子转动时，转子各质量微元的离心惯性力组成的力系不是平衡力系。对于高速大过载的旋转机械，这种影响尤为突出，即使转子存在数值很小的质量偏心，也会产生较大的“不平衡力”。这个“不平衡力”如果不能被平衡，就会成为动载荷作用于机械的静止部分，从而引起振动、噪声，并导致性能下降。为了避免出现这种现象，需要人为地在某些平面配置校正质量，以改善运行部分的质量分布，使校正质量产生的振动与不平衡产生的振动相互抵消来消除不平衡力，这就是所谓的转子动平衡。

从平衡的角度出发，根据转子的工作状态和力学特性，可以把转子分为两类，即刚性转子和挠性转子。工作转速远低于其一阶弯曲临界转速的转子通常被视为刚性转子，而工作转速接近或超过其一阶弯曲临界转速的转子被视为挠性转子。对于刚性转子，在ISO 1925中有如下定义：“凡可在两个任意选定的校正面上进行平衡校正，并且校正后在任意转速直至最高工作转速，其不平衡量均不明显超过平衡允差(相对于轴线)，其中转子运行条件接近于最后支承系统的条件，这样的转子可认为是刚性转子。”凡是不满足刚性转子定义的转子均视为挠性转子。

挠性转子和刚性转子的动平衡方法是不同的。Federn在1956年提出，当转子系统高于第一临界转速时，必须考虑挠度对动平衡的影响。目前，刚性转子动平衡方法应用较广的是双面影响系数法；挠性转子动平衡方法有单面影响系数法、模态平衡法等。有关转子动平衡辨识方法的使用原理和实际使用方法，将在后续章节进行介绍。

转子的动不平衡是由其旋转部件上的不平衡惯性力和不平衡惯性力偶共同作用的结果，根据产生原因，通常将转子动不平衡分为静不平衡和偶不平衡。静不平衡是指由于转子质量分布不均,导致转子的重心不在旋转轴心线上,当转子静止时,重心受地心引力作用,转子无法在任一位置保持稳定,有不平衡量作用在质心所在的径向平面上,而偶不平衡使得质心偏离轴线;当转子旋转时,不平衡质量造成两个相反离心力,且这对离心力不在同一个平面内,转子受到力偶作用产生绕轴线摆动的趋势。与静不平衡不同,偶不平衡转子的质心仍在轴线上。如果有不平衡量作用在非质心所在的径向平面,则此不平衡称为准静不平衡;如果有不平衡量作用在质心所在的径向平面上,同时在两个不同的径向平面上施加两个大小相等、方向相反的不平衡量,则此不平衡称为动不平衡。由不平衡的定义可知,静不平衡、偶不平衡与准静不平衡是动不平衡的特殊形式。

4.2.2 转子动平衡技术的发展

1934 年 Thearle 首先提出采用影响系数的双平面校正法,它标志着转子动平衡方法基本思想的确立。20 世纪 30 年代到 20 世纪 50 年代是刚性转子动平衡技术的发展阶段,但在当时几乎所有的动平衡研究工作都只限于以双面校正为主的低速刚性转子。最初的挠性转子(如蒸汽透平转子),也采用刚性转子的平衡方法进行校正。随着现代工业的飞速发展,转子逐渐向高速和重载方向发展,许多转子被设计运行在高于一阶临界转速,甚至高于二阶临界转速,此时针对刚性转子的动平衡方法已无法保证转子的平稳运行。因此,从 20 世纪 50 年代起,人们开始研究挠性转子的动平衡问题。

挠性转子动平衡技术发展至今,已提出了多种理论和方法,基本上可以归结为两大类,即模态平衡法(振型平衡法)和影响系数法。模态平衡法起步较早,1954 年 Meldal 首先提出了利用转子模态响应的正交性进行平衡的理论,并提出了转子前三阶模态的平衡过程,从而为模态平衡法提供了基本的理论依据。EI hadi在 20 世纪 60 年代初提出了挠性转子影响系数法的基本思想,并由 Goodman 在 1964 年加以扩展,引入最小二乘法及加权最小二乘法,进而形成了多测点、多转速的平衡方法,这才使影响系数法得到推广和应用。

虽然上述两种挠性转子的平衡理论和方法得到了不断的改进与发展,但各自仍然存在不足。模态平衡法要求对转子的模态振型有先验了解;影响系数法需要多次启停转子,而且容易形成相关平衡面。1973 年,白木万博等人提出了将影响系数法与振型平衡法相结合的一种动平衡技术,即所谓"振型圆"平衡方法,它可以判别主要不平衡量的大体分布情况,极大减少了开停车次数,提高了效率及平衡精度。Parkinson 和 Darlow 在 1979 年提出了一种挠性转子的混合平衡法,在影响系数法的基础上,充分利用模态平衡法中振型分离的特点,使挠性转子动

平衡技术日益完善。

1994年刘正士等人提出了转子动平衡的相对系数法，该方法在影响系数法的基础上通过多通道动态信号分析仪直接测量相对系数，提高了平衡效率。1998年，西安交通大学的屈梁生创立了“全息谱”动平衡技术，首次将信息论基本原理和全息谱技术成功地应用于动平衡领域，有效地融合了转子多向振动信息，提高了转子平衡的精度和效率。西安交通大学的王晓升针对平衡质量受限时最小二乘影响系数法的不足，结合零估计的思想，提出了最小二乘方法的改进算法。1999年，东南大学的朱向阳、钟秉林提出了转子最大残余振动极小化的迭代重加权阻尼最小二乘影响系数平衡算法。2002年，天津大学的勾新刚、张大卫等人将遗传算法用于求解平衡质量受限时的平衡问题。2005年，南京航空航天大学的章璟璇、唐云冰等人提出了基于遗传算法的最小二乘法，使平衡配重量和残余振动值均得到了优化。随着计算机技术的发展，影响系数法现已成为现场动平衡应用最广泛的平衡方法。

尽管转子动平衡的理论和方法日臻完善，但随着科学技术的不断发展，在测量精度、应用范围和经济性等方面对转子动平衡技术提出了更高的要求，相关新原理、新技术层出不穷。目前，转子动平衡研究的热点问题包括：

1. 无试重平衡

目前许多平衡方法要求设计制造一个高精度的校验转子，通过多次添加试重和启动才能设计出合理的平衡校正量，但这些方法费用高、周期长、效率低。无试重平衡法就是研究在不添加试重的情况下平衡转子的方法。Gasch最早提出了转子无试重平衡法的基本思想，此法主要是通过计算转子-轴承系统的动力学特性，并结合其原始振动响应直接推算出转子的不平衡分布，它的难点在于转子-轴承系统模型的精度和不平衡的逆向推算算法。

2. 转子自动平衡

转子自动平衡指通过一组可以精确控制的平衡块进行连续动平衡的方法。该方法可以减少平衡的启停次数，在转子运行过程中可实现平衡状态的自动调节，它已经成为动平衡研究和发展的主流。1981年Vande提出了转子自动平衡的基本构想，Gosiewsk对转子自动平衡的原理和方法做了进一步研究，Lee通过控制平衡头在转子的轴向位置实现了挠性转子的自动平衡。

3. 现场动平衡

现场动平衡是指在转子实际工作状态下，利用现场测试设备和分析方法对转子实施动平衡的方法。由于转子现场运行环境变化、外部激励、温湿度差异等因素的存在,动平衡测量精度和效率会受到不同程度的影响,这都促使现场动平衡成为目前研究的一个重要方面。

4.2.3 转子动平衡方法

对于转子动平衡研究而言,不同的平衡算法对转子振动的平衡速度和平衡效果是不同的,刚性转子与挠性转子的平衡算法差异较大。对于刚性转子,任何不平衡均可归结为一个力不平衡与力矩不平衡的和,理论上最多用两个配重调整面就可以使其完全平衡。而由于动挠度的影响,挠性转子的平衡就显得困难得多。目前,常见的转子动不平衡辨识方法可基本归纳为寻优搜索、模态平衡法、影响系数法 3 类及其组合,种类繁多的平衡方法在本质上也基本可以归类于这 3 类平衡方法。它们各有优缺点,在实际应用中也存在着不同的问题。

1. 寻优搜索

寻优搜索主要针对挠性转子不平衡,它采用黑箱纯试验性的方法,以振动幅值、轴承动反力等参数构成一个目标函数,通过寻优搜索,试验调整不平衡量,使得目标函数值最小。

考虑到一般挠性转子系统的非线性和不确定性等因素,自动动平衡控制策略的设计实际上就变成多变量非线性系统自适应优化控制问题,因此目标函数的精确程度直接关系到控制系统的稳定性和收敛性。根据最小二乘法的鲁棒性和无偏性,建立如下目标函数:

$$J = \min\left(\sum_{i=1}^{K} x_i^2\right) \tag{4.1}$$

式中 x_i——第 i 个测点振动幅值;

K——测点总数。

采用如下的变步长策略进行搜索:

步骤 1:对于每次控制的第一步,需要以小步长进行试探,以找到正确的搜索方向。

步骤 2:确定搜索方向后,以变步长 $\lambda^k = ZJ^k$ 进行寻优搜索,其中 Z 为适当的常数,J^k 为第 k 轮搜索的初始目标函数值。经过 k 轮搜索后,若目标函数 J 满足预定精度,控制过程就停止,否则进行 $k+1$ 轮搜索,直到满足精度要求为止。

这种方法的收敛效果与目标函数等值线的形状有很大关系,并且较易收敛到局部最小点,而采用最小二乘形式目标函数可以增强其收敛能力。这样既可以保证初始超调较小,又可以根据目标函数值的大小确定步长。即振动大时,以大步长搜索保证振动快速下降;振动小时,以小步长搜索保证收敛精度。

2. 模态平衡法

模态平衡法主要针对挠性转子不平衡。这一方法利用转子不平衡响应的模态特性，将不平衡量按转子的各阶模态进行分解，并逐次进行平衡校正，从而抑制由振型失衡导致的振动，因此模态平衡法也被称为振型平衡法。

转子在任意转速下的振型可以分解为各阶振型的线性叠加，并且转子的各阶模态之间满足正交性，平衡高阶振型时对低阶没有影响。将转子的挠曲变形函数表示为一个含有无穷个特征函数的极数，即

$$f(\omega,z) = \sum_{j=1}^{\infty} c_j(\omega)\varphi_j(z) \tag{4.2}$$

式中　ω——转速，rad/s；

z——轴向坐标；

$f(\omega,z)$——转子在转速下的挠曲振型；

$c_j(\omega)$——转速 ω 下第 j 阶振型的系数；

$\varphi_j(z)$——第 j 阶振型函数。

模态平衡法的实质是按振型逐阶进行平衡。由于振型函数 $\varphi_j(z)$ 只与转子本身结构有关，因此想要保证 $f(\omega,z)=0$，只需要保证

$$c_j(\omega)=0,\quad j=1,2,\cdots \tag{4.3}$$

实际转子的转速不可能达到无穷大，只要能够消除前 N 阶振型的不平衡分量，高阶振型的幅值就很小。对于平衡前 N 阶的转子，只需满足

$$c_j(\omega)=0,\quad j=1,2,\cdots,N \tag{4.4}$$

以目前各种挠性转子的实际运转需求来说，具有实际意义的是前 3 阶振型。因此，只要平衡好前 3 阶不平衡分量，就能基本满足稳定运行的要求。

模态平衡法的优点是在高转速平衡时启动次数少，且具有较高的敏感性，使低阶振型不受影响；缺点是当系统阻尼影响较大时，振型不易测准，有效性低，用于轴系平衡时在临界转速附近不易获得单一振型。

3. 影响系数法

影响系数法是一种试验方法，通过多次添加试重，利用测定的振动值求得影响系数，并基于该系数识别平衡校正量，平衡后可降低选定的平衡转速下的各测点振动值，并使其满足试验要求。其中，单面影响系数法适用于挠性转子，双面影响系数法适用于刚性转子。

(1) 单面影响系数法。

单面影响系数法需要一个校正面和一个检测面。在校正面添加试重 $\overline{U}$ 前后，测量转子在检测面的振动值分别记为 $\overline{A}$、$\overline{B}$，则试重 $\overline{U}$ 的振动响应为 $\overline{B}-\overline{A}$，影

响应系数 $\tilde{\alpha}$ 为

$$\tilde{\alpha}=\frac{\overline{B}-\overline{A}}{\overline{U}} \tag{4.5}$$

因此，转子想要实现动平衡需要在校正面上添加的配重 $\overline{U}_0$ 为

$$\overline{U}_0=\frac{\overline{A}}{\tilde{\alpha}} \tag{4.6}$$

(2)双面影响系数法。

双面影响系数法需要在两个与转轴垂直的校正面和两个检测面分别使用单面影响系数法校正动不平衡，即进行 4 次步骤相同但条件不同的配重试验，并列出动平衡方程，解算出两个校正面的等效不平衡量，得出实现动平衡所需的配重。

未添加试重时，在两个振动测量点测量两个校正面的初始振动量，其值分别记为 $\overline{A}_{10}$、$\overline{A}_{20}$。两个校正面记为 A_1、A_2，分别在这两个校正面添加试重 $\overline{U}_1$、$\overline{U}_2$，得到两个测量点的振动。在同一转速下进行 4 次配重试验，可以得到 4 组振动量记为 $\overline{A}_{11}$、$\overline{A}_{12}$、$\overline{A}_{21}$、$\overline{A}_{22}$，对应地可以求出两个测点在 A_1 面所加配重的影响系数 $\tilde{\alpha}_{11}$、$\tilde{\alpha}_{12}$，以及两个测点在 A_2 面所加配重的影响系数 $\tilde{\alpha}_{21}$、$\tilde{\alpha}_{22}$，其值分别为

$$\begin{cases}\tilde{\alpha}_{11}=\dfrac{\overline{A}_{11}-\overline{A}_{10}}{\overline{U}_1},\tilde{\alpha}_{12}=\dfrac{\overline{A}_{12}-\overline{A}_{20}}{\overline{U}_1}\\ \tilde{\alpha}_{21}=\dfrac{\overline{A}_{21}-\overline{A}_{10}}{\overline{U}_2},\tilde{\alpha}_{22}=\dfrac{\overline{A}_{22}-\overline{A}_{20}}{\overline{U}_2}\end{cases} \tag{4.7}$$

将式(4.7)以矩阵的形式表示，并进行逆运算，可以得出原始振动量和原始不平衡量 $\overline{U}_{10}$、$\overline{U}_{20}$之间的关系为

$$\begin{bmatrix}\overline{A}_{10}\\ \overline{A}_{20}\end{bmatrix}=\begin{bmatrix}\tilde{\alpha}_{11} & \tilde{\alpha}_{12}\\ \tilde{\alpha}_{21} & \tilde{\alpha}_{22}\end{bmatrix}\begin{bmatrix}\overline{U}_{10}\\ \overline{U}_{20}\end{bmatrix} \tag{4.8}$$

前面所测得的振动值是包含幅值和相位的向量信息。对于检测相位，常用的方法是将一个鉴相传感器安装在转子或转轴上，并同步于振动点的测量信号。

影响系数法可同时平衡几个振型，尤其是对轴系的平衡更为方便，可利用计算机辅助平衡，实现自动化处理数据。但在高转速下平衡启动的次数也会相应增多，在高阶振型时敏感性会降低，此时使用非独立平衡平面可能会得到不准确的校正量。

4.3　精密离心机的动平衡

气体静压轴承是精密离心机普遍采用的结构支承方案。对于采用高刚度闭式气体静压轴承的精密离心机，其转子属于硬支承条件下的刚性转子，其动不平衡由静不平衡与偶不平衡组成。为了达到标定高精度加速度计的目的，必须对精密离心机主轴进行现场动平衡。参考目前文献，工程中应用的动平衡方法主要有 3 种，分别为基于电容测微仪、基于地脚测力传感器以及两者融合的精密离心机动平衡方法。

精密离心机动平衡系统如图 4.1 所示，平面 $O_2-X_2Y_2Z_2$ 和平面 $O_3-X_3Y_3Z_3$ 为测试面；平面 $O_1-X_1Y_1Z_1$ 和平面 $O_4-X_4Y_4Z_4$ 为校正面，每个测试面上放置两个电容测微仪，每个校正面放置 4 个可移动的平衡块，每个平衡块的质量为 m。地脚测试面坐标系 $O_5-X_5Y_5Z_5$ 是固定坐标系，O_5 点为地脚平面两个球球心连线的中点，地脚平面两个球球心的连线为 Y_5 轴，c 表示转子的质心。下述 3 种精密离心机动平衡方法均基于此结构进行设计。

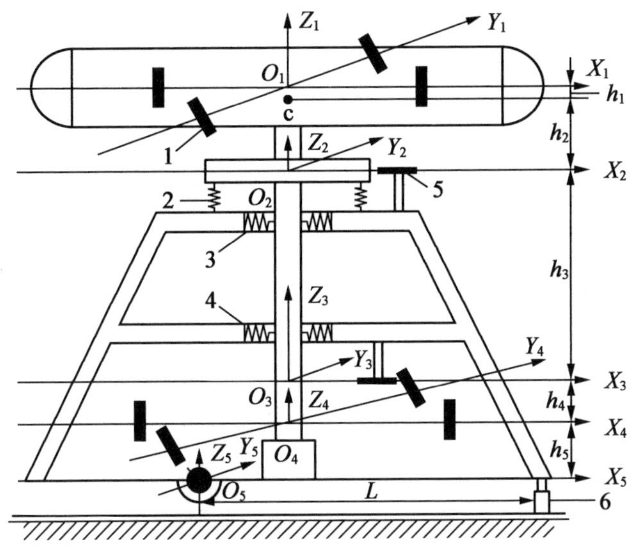

图 4.1　精密离心机动平衡系统

1—平衡块；2—轴向止推气体静压轴承；3—上径向气体静压轴承；

4—下径向气体静压轴承；5—电容测微仪；6—地脚测力传感器

4.3.1 基于电容测微仪的精密离心机动平衡方法

为了达到标定高精度加速度计的目的，必须对精密离心机主轴进行现场动平衡，以防止动不平衡引起的振动幅值超出所标定加速度计所要求的半径精度。为了减小动不平衡对惯导用精密离心机工作半径允差的影响，李顺利等人提出了一种基于电容测微仪的硬支承刚性转子动平衡的方法。

静不平衡与偶不平衡在电容测微仪中都有输出，在设置一个新静不平衡后，在原有静不平衡、偶不平衡与新静不平衡三者共同作用下，电容测微仪将输出一个新的振动矢量。当所设置的新静不平衡与原有静不平衡同相位时，电容测微仪输出振动矢量的幅值最大，根据这一条件即可确定静不平衡的相位。当设置的新静不平衡与原有静不平衡大小相等、方向相反时，此时静不平衡完全消除，只存在偶不平衡，也就是通过两次移动平衡块即可消除动不平衡。

在某一平衡转速下，测得上下测试面振动矢量的幅值分别为 A、B。根据式(4.9)移动上下校正面的平衡块，设置一个新的静不平衡 $\overrightarrow{U}_s = U_s e^{i(\omega t + \alpha_c)}$。

$$\begin{cases} \tan \alpha_c = y_1/x_1 = y_4/x_4 \\ m\sqrt{x_1^2 + y_1^2} = (h_2 + h_3 + h_4)U_s/(h_1 + h_2 + h_3 + h_4) \\ m\sqrt{x_4^2 + y_4^2} = h_1 U_s/(h_1 + h_2 + h_3 + h_4) \end{cases} \tag{4.9}$$

式中 x_1、x_4、y_1、y_4——X_1、X_4、Y_1、Y_4 各轴上两个平衡块移动后的坐标和，假设各轴上平衡块最初位于坐标原点；

α_c——静不平衡的相位；

m——平衡块的质量，kg。

当 $\alpha_c = i$ 时，测得上下测试面的振动矢量的幅值分别为 A_i 和 B_i（$i = 0, 45, 135$），则有如下关系：

(1) $A_0 > A$，$B_0 > B$，$A_{45} > A$，$B_{45} > B$，则静不平衡在第一象限。

(2) $A_0 < A$，$B_0 < B$，$A_{135} > A$，$B_{135} > B$，则静不平衡在第二象限。

(3) $A_0 < A$，$B_0 < B$，$A_{135} \leqslant A$，$B_{135} \leqslant B$，则静不平衡在第三象限。

(4) $A_0 > A$，$B_0 > B$，$A_{45} \geqslant A$，$B_{45} \leqslant B$，则静不平衡在第四象限。

在静不平衡所在的象限，继续按式(4.9)多次移动上下校正面上的平衡块，每次设置新静不平衡的相位变化为 1°，测得第 j 次（$j = 1, 2, \cdots, 91$）设置静不平衡后上下测试面振动矢量的幅值为 A_j 和 B_j，其中最大值分别记为 A_{max} 和 B_{max}。

当满足 $A_j = A_{\max}$ 和 $B_j = B_{\max}$ 时，此时新静不平衡的相位就是原有静不平衡的相位 α_0。静不平衡的大小通过下式确定：

$$\frac{A_{\max} - A}{A} = \frac{U_s}{U_{s0}} \tag{4.10}$$

式中　U_{s0}——原有静不平衡的大小。

将 $\alpha_c = \alpha_0 + \pi$ 和 $U_s = U_{s0}$ 代入式(4.9)，并根据式(4.9)移动上下校正面上的平衡块，可以一次性将静不平衡减小到允许的范围内。

静不平衡减小到允许值时，上下测试面振动矢量的幅值应相等，其相位应相差180°，此时只存在偶不平衡，偶不平衡的相位可直接测得。为确定偶不平衡的大小，按照式(4.11)移动上下校正面上的平衡块，设置新偶不平衡 $\vec{U}_c = U_c e^{i(\omega t + \beta_{c0})}$。

$$\begin{cases} \tan \beta_c = y_1 / x_1 \\ \tan(\beta_c + \pi) = y_4 / x_4 \\ m\sqrt{x_1^2 + y_1^2} = U_c / (h_1 + h_2 + h_3 + h_4) \\ m\sqrt{x_4^2 + y_4^2} = U_c / (h_1 + h_2 + h_3 + h_4) \end{cases} \tag{4.11}$$

式中　β_c——原有偶不平衡的相位。

记设置偶不平衡前后振动矢量的幅值分别为 D_0 和 D_c，原有偶不平衡的大小为 U_{c0}，则偶不平衡的大小可以根据式(4.12)确定：

$$\frac{D_c - D_0}{D_0} = \frac{U_c}{U_{c0}} \tag{4.12}$$

将 $\beta_c = \beta_{c0} + \pi$ 和 $U_c = U_{c0}$ 代入式(4.11)，并根据式(4.11)移动上下校正面上的平衡块，可以一次性减小偶不平衡到允许的范围。

上述动平衡是在某一较低的平衡转速下进行的，根据动平衡测试结果，计算所达到的动平衡精度满足设计要求时，则停止动平衡试验；否则，可以提高转速，并按照式(4.9)和式(4.11)移动平衡块，再一次减小静不平衡和偶不平衡。

4.3.2　基于地脚测力传感器的精密离心机动平衡方法

精密离心机动平衡的精度远高于一般转子的动平衡精度，这为动平衡的测试带来了困难。为了保证精密离心机长期稳定地工作，李顺利等人提出了一种基于地脚测力传感器测试精密离心机动不平衡的方法。

如图4.1所示，在精密离心机机座下均匀分布3个地脚，用一个测力传感器代替其中一个地脚。地脚采用球和球窝滑动结构，在球两侧的地脚螺钉将机座固连在地基上，以防止过大的不平衡及离心机突然刹车时，造成离心机倾倒的事故。

静不平衡和偶不平衡在地脚测力传感器中都有输出，在转速 ω 下，记转子偏心距为 e，转子的质量为 m_r，静不平衡所产生的离心力为 $m_r e\omega^2$，其对 Y_5 轴的力矩为 $m_r e\omega^2\cos(\omega t+\alpha_s)(h_2+h_3+h_4+h_5)$，转子的重力为 $m_r g$，其对 Y_5 轴的力矩为 $m_r g\cos(\omega t+\alpha_s)$。测力传感器处的支反力 p_1 对 Y_5 轴的力矩为 $p_1 L$，因此地脚测力传感器输出一次谐波的表达式为

$$p_1=\frac{m_r e\omega^2\cos(\omega t+\alpha_s)(h_2+h_3+h_4+h_5)+m_r ge\cos(\omega t+\alpha_s)}{L} \tag{4.13}$$

式中 α_s——相位角。

当只有偶不平衡时，地脚测力传感器输出一次谐波的表达式为

$$p_2=\frac{U_{cc}\omega^2\cos(\omega t+\beta_s)}{L} \tag{4.14}$$

式中 U_{cc}——偶不平衡的大小；

β_s——相位角。

动不平衡在地脚测力传感器中的输出为静不平衡和偶不平衡造成一次谐波之和，即

$$\begin{aligned}p&=p_1+p_2\\&=\frac{m_r e\omega^2\cos(\omega t+\alpha_s)(h_2+h_3+h_4+h_5)+m_r ge\cos(\omega t+\alpha_s)}{L}+\\&\quad\frac{U_{cc}\omega^2\cos(\omega t+\beta_s)}{L}\end{aligned} \tag{4.15}$$

从式(4.15)可知，使用地脚测力传感器进行动平衡时，按照一般的方法难以进行静、偶不平衡的分离。但式(4.15)有其特殊性，即当 $\omega=0$ 时，变为

$$p=\frac{m_r ge\cos\alpha_s}{L} \tag{4.16}$$

可根据式(4.16)对精密离心机的静、偶不平衡在双校正面上进行分离。

1.静态测试静不平衡

精密离心机的静态测试是指由主轴电机驱动，以最低转速运行，并每5°一停，稳定1 min后，测得地脚测力传感器上的支反力，经谐波分析程序对测试数据进行处理，得到静态时转子偏心距在地脚测力传感器上造成的支反力为

$$p_0 = \frac{m_r gecos\ \alpha_s}{L} \tag{4.17}$$

记 $e_0 = p_0L/(m_rg)$，当转子的偏心距 $e \geqslant e_0$ 时，其造成的支反力通过地脚测力传感器能够测得；当转子的偏心距 $e < e_0$ 时，需要移动任意一个平衡块，人为设置一个不平衡使转子的偏心距 $e \geqslant e_0$。通过地脚测力传感器测得支反力及静不平衡的相位，根据式(4.17)求得转子的偏心距，也就等于测得转子的静不平衡。随后按式(4.18)移动上下校正面的平衡块以减小静不平衡。

$$\begin{cases} \tan(\alpha_s + \pi) = y_1/x_1 = y_4/x_4 \\ m\sqrt{x_1^2 + y_1^2} = m_re(h_2 + h_3 + h_4)/(h_1 + h_2 + h_3 + h_4) \\ m\sqrt{x_4^2 + y_4^2} = m_reh_1/(h_1 + h_2 + h_3 + h_4) \end{cases} \tag{4.18}$$

2. 动态测试偶不平衡

静不平衡按式(4.18)减小后，当离心机以某一转速旋转时，动态测试可测得不平衡造成的一次谐波，该一次谐波是残余静不平衡和偶不平衡造成一次谐波的矢量和。从动态测得的一次谐波中减去残余静不平衡造成的一次谐波，可得到偶不平衡造成的一次谐波，通过式(4.14)可以求得转子上的偶不平衡，随后按式(4.19)移动上下校正面上的平衡块以减小偶不平衡。

$$\begin{cases} \tan(\beta_s + \pi) = y_1/x_1 \\ \tan\beta_s = y_4/x_4 \\ m\sqrt{x_1^2 + y_1^2} = U_{cc}/(h_1 + h_2 + h_3 + h_4) \\ m\sqrt{x_4^2 + y_4^2} = U_{cc}/(h_1 + h_2 + h_3 + h_4) \end{cases} \tag{4.19}$$

4.3.3　基于多传感器融合的精密离心机动平衡方法

在精密离心机动平衡测试系统中，将多个传感器得到的数据进行融合后，可以得到比单个传感器更高的准确度。同时，通过多传感器的信息融合，可以改善检测系统的可靠性。为此，李顺利等人提出了多传感器信息融合在精密离心机动平衡测试系统中的应用方法，该精密离心机动平衡测试采用冗余技术即多传感器信息融合技术，5 个传感器分别测得离心机在准静态及以某一平衡转速运转时的一次谐波，测得一个地脚测力传感器输出的支反力并计算出 4 个电容测微仪输出的振动矢量。根据 4 个电容测微仪及一个地脚测力传感器的输出对比，给出 5 个传感器中某一传感器发生故障的判据。

如图 4.1 所示传感器的布局，在 X_2、Y_2、X_3、Y_3 轴及 X_5 轴的正半轴分别放置 4 个电容测微仪和地脚测力传感器。电容测微仪测得主轴几何轴线的径向位移，不平衡产生的振动矢量经过计算得到，地脚测力传感器可以直接测得不平衡造成的地脚支反力。实际上单独使用位于 X_2、X_3 的传感器或位于 Y_2、Y_3 的传感器或位于 X_5 的传感器就可以完成精密离心机动不平衡的测试，这里采用 5 个传感器是应用冗余技术，进行多传感器信息融合。

对电容测微仪输出数据进行相关滤波后，电容测微仪输出的一次谐波为

$$w_k(\omega) = W_k(\omega)\cos[\omega t + \alpha_k(\omega)] \tag{4.20}$$

式中　k——电容测微仪的标号，$k=1,2,3,4$，分别对应 X_2、Y_2、X_3、Y_3 轴正半轴上放置的电容测微仪；

W_k——偶不平衡的幅值；

α_k——偶不平衡的相位。

根据式(4.20)，在精密离心机准静态条件下，电容测微仪输出的一次谐波为

$$w_k(0) = W_k(0)\cos\,\alpha_k(\omega) \tag{4.21}$$

不平衡造成的振动矢量为

$$\begin{aligned}\Delta \boldsymbol{w}_k(\omega) &= W_k(\omega)\cos[\omega t + \alpha_k(\omega)] - W_k(0)\cos\,\alpha_k(0)\\ &= \Delta W_k(\omega)\cos[\omega t + \Delta\alpha_k(\omega)]\end{aligned} \tag{4.22}$$

式中　$\Delta W_k(\omega)$——$\Delta \boldsymbol{w}_k(\omega)$的幅值；

$\Delta\alpha_k(\omega)$——$\Delta \boldsymbol{w}_k(\omega)$的相位。

记静不平衡、偶不平衡在电容测微仪中输出的振动矢量分别为 $\Delta \boldsymbol{w}'_k(\omega)$ 和 $\Delta \boldsymbol{w}''_k(\omega)$，不平衡在电容测微仪中输出的振动矢量 $\Delta \boldsymbol{w}_k(\omega)$ 是二者的叠加，即

$$\begin{cases}\Delta \boldsymbol{w}'_k(\omega) = \Delta W'_k(\omega)\cos[\omega t + \Delta\alpha'_k(\omega)]\\ \Delta \boldsymbol{w}''_k(\omega) = \Delta W''_k(\omega)\cos[\omega t + \Delta\alpha''_k(\omega)]\\ \Delta \boldsymbol{w}_k(\omega) = \Delta \boldsymbol{w}'_k(\omega) + \Delta \boldsymbol{w}''_k(\omega)\end{cases} \tag{4.23}$$

式中　$\Delta W'_k(\omega)$、$\Delta\alpha'_k(\omega)$分别为 $\Delta \boldsymbol{w}'_k(\omega)$的幅值和相位；

$\Delta W''_k(\omega)$、$\Delta\alpha''_k(\omega)$分别为 $\Delta \boldsymbol{w}''_k(\omega)$的幅值和相位。

不平衡在地脚测力传感器中的输出为

$$
\begin{cases}
F(\omega)=F_0+F_1(\omega)+F_2(\omega)=F\cos(\omega t+\gamma)\\
F_0=\dfrac{m_r ge\cos(\omega t+\alpha_d)}{L}\\
F_1(\omega)=\dfrac{m_r e\omega^2\cos(\omega t+\alpha_d)H}{L}\\
F_2(\omega)=\dfrac{U_{cd}\omega^2\cos(\omega t+\beta_d)}{L}
\end{cases}
\tag{4.24}
$$

式中　$H=h_1+h_2+h_3+h_4+h_5$，m；

F_0——准静态时静不平衡力矩在地脚测力传感器中输出的支反力，N；

$F(\omega)$、$F_1(\omega)$和 $F_2(\omega)$——动不平衡、静不平衡和偶不平衡在地脚测力传感器中输出的支反力，N；

F——$F(\omega)$的幅值；

α_d——e、F_0 与 $F_1(\omega)$的相位；

β_d——偶不平衡、$F_2(\omega)$的相位；

γ——$F(\omega)$的相位；

U_{cd}——偶不平衡的幅值。

当气体静压轴承满足各向同性条件时，1、2 号电容测微仪输出的一次谐波幅值、不平衡造成的振动矢量均相等，1 号相位超前 2 号 90°；当气体静压轴承不满足各向同性条件时，1、2 号电容测微仪输出的一次谐波幅值、不平衡造成的振动矢量均不相等，1 号相位超前 2 号。3、4 号同理。无论气体静压轴承是否满足各向同性条件，电容测微仪输出的一次谐波均满足

$$
\begin{cases}
\Delta W_1(\omega)>\Delta W_3(\omega)\\
(k-1)\pi/2\leqslant\Delta\alpha_1(\omega)\leqslant k\pi/2\\
(k+1)\pi/2\leqslant\Delta\alpha_3(\omega)\leqslant(k+2)\pi/2\\
\Delta W_2(\omega)>\Delta W_4(\omega)\\
(k-1)\pi/2\leqslant\Delta\alpha_2(\omega)\leqslant k\pi/2\\
(k+1)\pi/2\leqslant\Delta\alpha_4(\omega)\leqslant(k+2)\pi/2
\end{cases}
\tag{4.25}
$$

1 号传感器输出振动矢量与地脚测力传感器输出支反力应满足

$$
\begin{cases}
\Delta\alpha_1=\alpha_d\\
\Delta\alpha_1''=\beta_d
\end{cases}
\tag{4.26}
$$

在准静态下，地脚测力传感器测得偏心矩的大小与相角，计算可得到静不平

衡的大小与相位。在某一平衡转速条件下,根据地脚测力传感器测得支反力及式(4.23)可得到偶不平衡的幅值与相位。分别计算得到静偶不平衡在1、3号电容测微仪输出的一次谐波,根据式(4.23)计算出不平衡在1、3号电容测微仪输出的一次谐波。式(4.25)~(4.26)是5个传感器是否发生故障的判据,当输出不满足式(4.25)~(4.26)时,说明某一传感器发生故障,需要进行故障报警,停机修理。

4.4 基于轴线测量的精密离心机动平衡方法

双轴臂式精密离心机结构图如图4.2所示。由于制造工艺水平的限制和安装误差等因素,精密离心机主轴和副轴的几何轴线均会偏离旋转轴线,因此需要针对精密离心机的主轴及副轴的不平衡量进行辨识并实现动平衡。

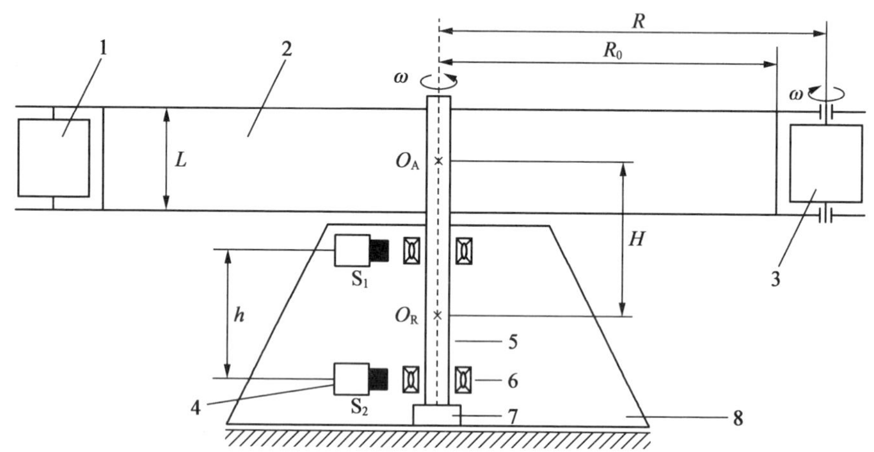

图4.2 双轴臂式精密离心机结构图

1—配重舱;2—大臂;3—负载舱;4—微位移传感器;5—主轴;6—轴承;7—电机;8—地基;R—精密离心机的半径;L—大臂的高度;O_A—主轴和大臂中心面的交点;O_R—主轴的旋转中心;H—O_A点和O_R点之间的距离;h—微位移传感器S_1和微位移传感器S_2之间的距离;R_0—手动配重距离

图4.2中微位移传感器S_1和S_2用于数据采集,数据采集的过程主要包括基准数据采集和测试数据采集两部分。考虑到精密离心机主轴表面圆柱度、安装误差等非动不平衡因素,需要采集静态下一个机械圆周的微位移传感器信息,即动不平衡量基准数据。动不平衡量对主轴系统的影响随着转速的升高而加大,但在准静态下其影响可以忽略。

4.4.1　基于轴线测量的精密离心机主轴动平衡方法

由于双自由度精密离心机的结构特殊性，其主轴偶不平衡的影响可以忽略不计，因此，离心机的调试和使用只需考虑静不平衡的影响。同时，重力因素也会影响主轴的动不平衡量，所以在辨识的同时也需要考虑重力的影响。

基于轴线测量的精密离心机主轴动平衡方法，属于精密离心机配平技术领域，解决了现有的双自由度精密离心机主轴动平衡问题。该方法利用微位移传感器采集数据，并考虑到重力因素影响，能够有效辨识精密离心机主轴动不平衡量，该方法的具体过程如图 4.3 所示。

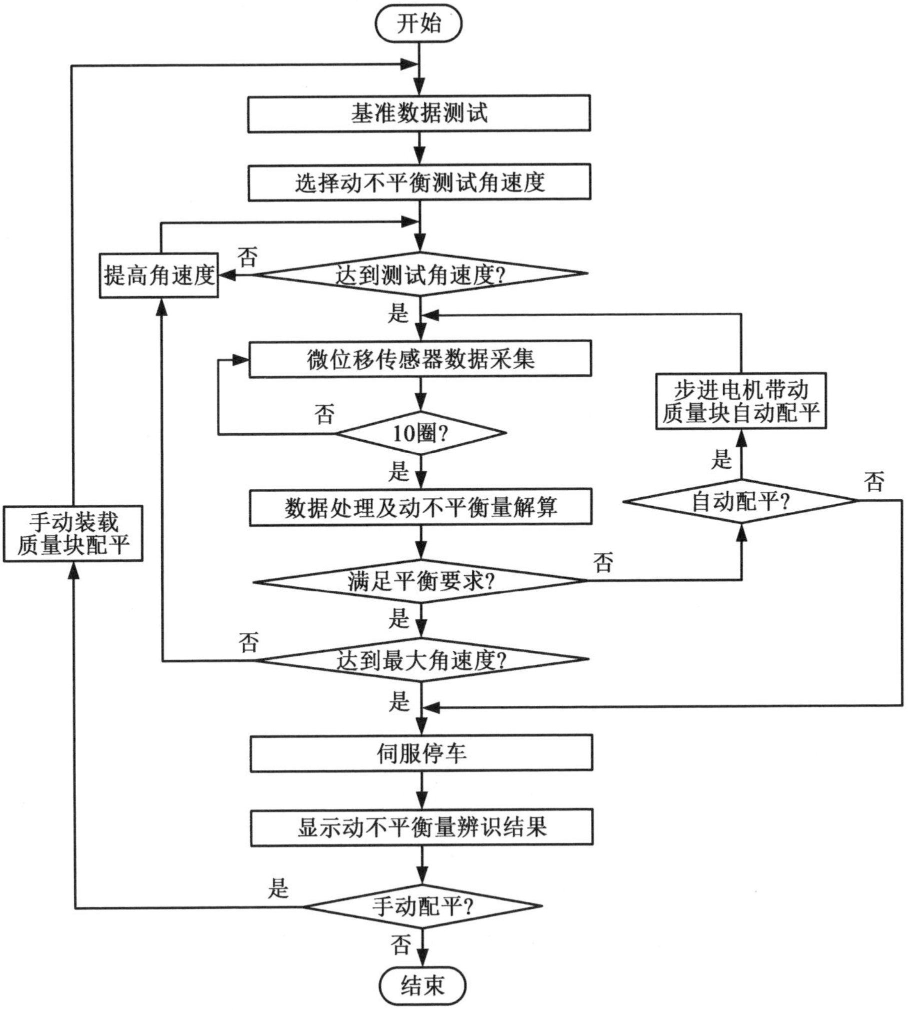

图 4.3　基于轴线测量的精密离心机主轴动平衡方法的具体过程

1. 基准数据和测试数据的采集

基准数据的采集过程如下：

(1)主轴运行在角速度 $\omega_0=6(°)/\mathrm{s}$ 的准静态下，采集动不平衡量基准数据。

(2)进行采样间隔为 δ 度的位置采样，采样点数为 $n_{\omega_0}=360/\delta$，δ 的选取使 n_{ω_0} 为整数即可，采样点数越多，对辨识结果越有利。

测试数据的采集过程如下：

(1)在主轴测试角速度 ω_i 下采集微位移传感器 S_1 和 S_2 的数据，$1\leqslant i\leqslant k$，k 为测试角速度个数。

(2)进行采样间隔为 δ 的位置采样，考虑到微位移传感器存在测试噪声，可以测试 10 个机械圆周的微位移传感器 S_1 和 S_2 的数据以增加样本量，在测试角速度 ω_i 下，采样点数为 $360/\delta$。

在运行角速度 ω 下，微位移传感器 S_1 和 S_2 采集的数据分别 $R_{1\omega}(\theta_j)$、$R_{2\omega}(\theta_j)$，采样点数记为 n_ω，θ_j 为离散的角位置信号，$j=1,2,\cdots,n_\omega$，ω 为 ω_0 或 ω_i。

2. 提取一次谐波成分

动不平衡量对主轴系统的影响主要体现在一次谐波成分，故采用相关滤波法提取数据 $R_{1\omega}(\theta_j)$、$R_{2\omega}(\theta_j)$ 的一次谐波幅值 $A_{1\omega}$、$A_{2\omega}$ 以及初始相位角 $\varphi_{1\omega}$、$\varphi_{2\omega}$，即

$$A_{1\omega}=\sqrt{\left(\frac{2}{n_\omega}\sum_{j=1}^{n_\omega}R_{1\omega}(\theta_j)\cos\theta_j\right)^2+\left(\frac{2}{n_\omega}\sum_{j=1}^{n_\omega}R_{1\omega}(\theta_j)\sin\theta_j\right)^2}\tag{4.27}$$

$$A_{2\omega}=\sqrt{\left(\frac{2}{n_\omega}\sum_{j=1}^{n_\omega}R_{2\omega}(\theta_j)\cos\theta_j\right)^2+\left(\frac{2}{n_\omega}\sum_{j=1}^{n_\omega}R_{2\omega}(\theta_j)\sin\theta_j\right)^2}\tag{4.28}$$

$$\varphi_{1\omega}=\arctan\frac{\frac{2}{n_\omega}\sum_{j=1}^{n_\omega}R_{1\omega}(\theta_j)\cos\theta_j}{\frac{2}{n_\omega}\sum_{j=1}^{n_\omega}R_{1\omega}(\theta_j)\sin\theta_j}\tag{4.29}$$

$$\varphi_{2\omega}=\arctan\frac{\frac{2}{n_\omega}\sum_{j=1}^{n_\omega}R_{2\omega}(\theta_j)\cos\theta_j}{\frac{2}{n_\omega}\sum_{j=1}^{n_\omega}R_{2\omega}(\theta_j)\sin\theta_j}\tag{4.30}$$

记 $r_{1\omega}(\theta)=A_{1\omega}\sin(\theta+\varphi_{1\omega})$ 和 $r_{2\omega}(\theta)=A_{2\omega}\sin(\theta+\varphi_{2\omega})$ 分别为微位移传感器 S_1、S_2 采集数据的一次谐波成分，θ 为角位置信号，其矢量形式分别为 $\boldsymbol{r}_{1\omega}$ 和 $\boldsymbol{r}_{2\omega}$。

3. 不平衡量解算

图 4.4 所示为主轴系统的几何关系。由提取得到的一次谐波成分，分别求得在准静态 ω_0 和测试角速度 ω_i 条件下，主轴几何轴线的方位矢量分别为

$$\boldsymbol{r}_{\omega_0} = \boldsymbol{r}_{1\omega_0} - \boldsymbol{r}_{2\omega_0} \tag{4.31}$$

$$\boldsymbol{r}_{\omega_i} = \boldsymbol{r}_{1\omega_i} - \boldsymbol{r}_{2\omega_i} \tag{4.32}$$

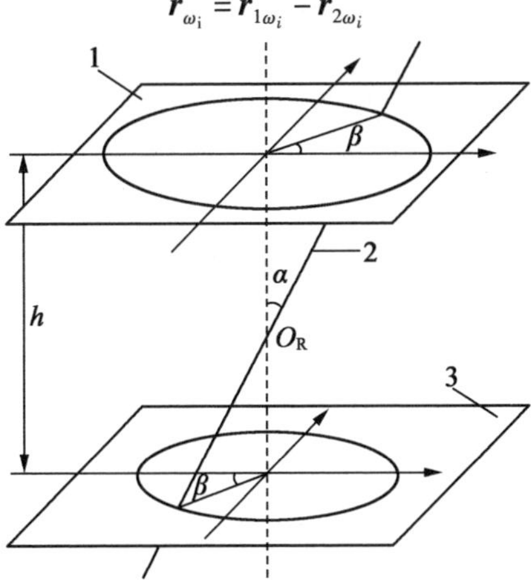

图 4.4　主轴系统的几何关系

1—微位移传感器 S_1 测试平面；2—主轴；3—微位移传感器 S_2 测试平面；α—不平衡造成的主轴倾角；β—动不平衡的相角；O_R—主轴的旋转中心；h—微位移传感器 S_1 和微位移传感器 S_2 之间的距离

则计算得到在测试角速度 ω_i 下主轴几何轴线的相对变化量为

$$\boldsymbol{u}_i = \boldsymbol{r}_{\omega_i} - \boldsymbol{r}_{\omega_0} \tag{4.33}$$

式中，$\boldsymbol{u}_i$ 的幅值为 A_i，相位为 P_i。

在测试角速度 ω_i 下，动不平衡造成的主轴倾角 α_i（″）和动不平衡量的相角 β_i（°）分别为

$$\alpha_i = \frac{648\,000CA_i}{\pi h} \tag{4.34}$$

$$\beta_i = \frac{180P_i}{\pi} \tag{4.35}$$

式中　C——电涡流微位移传感器的比例常数，m/V。

主轴倾角是由动不平衡造成的，由力矩平衡条件可知，这部分力矩和机械轴承的支承力矩相等。考虑到动不平衡量的重力影响，主轴力矩平衡为

$$K_\theta \alpha_i = U_i(\omega_i^2 H + g) \tag{4.36}$$

式中　K_θ——主轴角刚度，N · m/（″）；

U_i——测试角速度 ω_i 下解算的动不平衡量；

g——当地重力加速度，m/s^2。

得到主轴动不平衡量为

$$U_i=\frac{K_\theta\alpha_i}{\omega_i^2H+g} \tag{4.37}$$

4. 动不平衡量配平

动不平衡量的配平方式分为自动配平和手动配平。自动配平通过给步进电机输入脉冲信号使步进电机转动固定步数，带动质量为 m_a 的质量块运动 R_a 距离，以消除动不平衡量 m_aR_a。此配平方法的配平能力具有限制性，常用于精确配平。采用手动方法在距离主轴 R_0 处，加入质量为 m_0 的质量块，以消除动不平衡量 m_0R_0。

根据得到的动不平衡量 U_i 对双自由度精密离心机主轴进行配平，配平后重复以上步骤，得到配平后的动不平衡量 $\overline{U}_i$，若 $U_i-\overline{U}_i\approx m_aR_a$（或 m_0R_0），则能够说明该方法的有效性。

5. 试验验证

在双轴精密离心机上验证该方法的有效性。在低速 $\omega_0=6(°)/s$ 时采集传感器数据，记录主轴旋转一周内的数据。分别在测试角速度 $\omega_1=60(°)/s$、$\omega_2=120(°)/s$、$\omega_3=180(°)/s$、$\omega_4=270(°)/s$、$\omega_5=360(°)/s$、$\omega_6=450(°)/s$ 和 $\omega_7=540(°)/s$ 下采集传感器数据，记录主轴旋转 10 周内的数据并对不同位置求平均值。数据采集方式为位置采样，采样位置间隔为 1°，$n=360$。采用相关滤波法提取两个 $H=0.9$ m 和 $\omega_0=6(°)/s$ 的一次谐波成分，分别记为$\boldsymbol{r}_{1\omega}(\theta)$和 $\boldsymbol{r}_{2\omega}(\theta)$，其矢量形式为 $\boldsymbol{r}_{1\omega}$和 $\boldsymbol{r}_{2\omega}$，$C=1\times10^{-4}$ m/V。配平前的解算数据见表 4.1。

表 4.1　配平前的解算数据

角速度/[(°)·s^{-1}]	A_u/μm	α/(″)	β/(°)
60	0.34	0.071	34
120	0.61	0.127	4
180	1.00	0.205	3
270	1.70	0.352	359
360	2.76	0.569	358
450	3.87	0.799	358
540	5.19	1.070	359

基准数据和配平前在测试角速度 540(°)/s 下 S_1 和 S_2 传感器采集的数据对比图分别如图 4.5(a)和图 4.5(b)所示。其中，短虚线为基准曲线，实线为测试曲线。

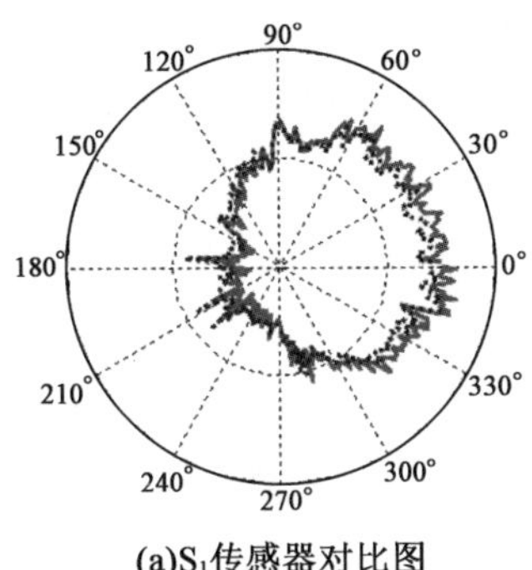

(a)S_1传感器对比图

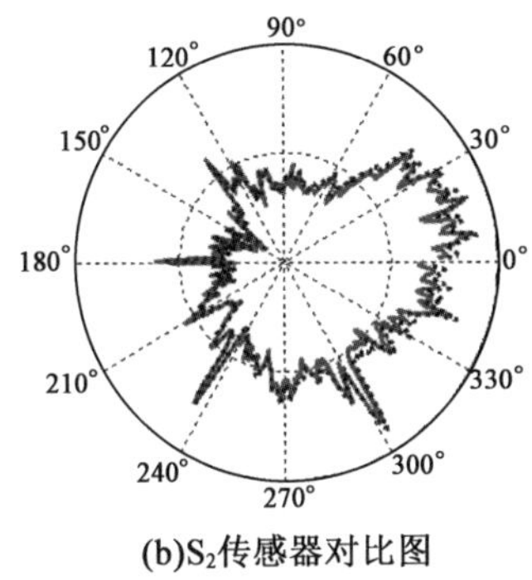

(b)S_2传感器对比图

图 4.5　基准数据和配平前在测试角速度 540(°)/s 下传感器对比图

主轴角刚度 $K_\theta = 2\ 450\ \text{N} \cdot \text{m}/('')$，$g = 9.886\ \text{m/s}^2$，采用最大速度下的数据求得主轴系统动不平衡量为 $U = 29.183\ 0\ \text{kg/m}$。在距离主轴 $R_0 = 2.32\ \text{m}$ 处，采用手动配平法加 $m_0 = 10\ \text{kg}$ 的质量块，得到如表 4.2 所示配平后的解算数据。配平后动不平衡幅值减小22.75 kg/m，和配平量 23.20 kg · m 相差 1 kg · m 以内，证明了辨识方法的有效性。

表 4.2　配平后的解算数据

角速度/[(°) · s^{-1}]	A_u/μm	α/(″)	β/(°)
60	0.49	0.102	177
120	0.41	0.084	186
180	0.23	0.048	201
270	0.18	0.038	309
360	0.38	0.078	339
450	0.66	0.136	353
540	1.14	0.236	358

基准数据和配平后在测试角速度 540(°)/s 下 S_1 和 S_2 传感器采集的数据对比图分别如图 4.6(a)和图 4.6(b)所示。其中,短虚线为基准曲线,实线为测试曲线。

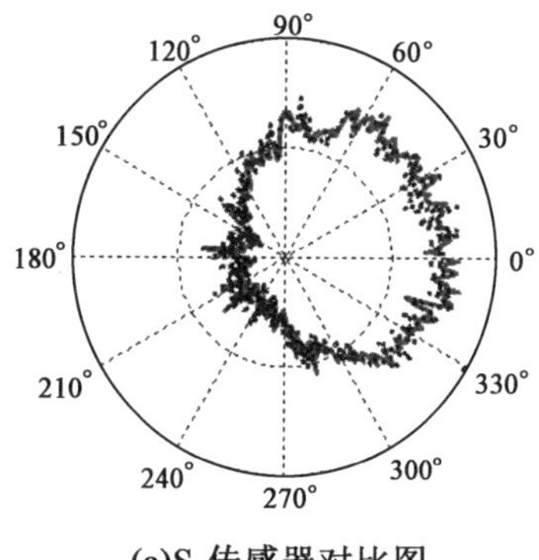

(a)S_1传感器对比图

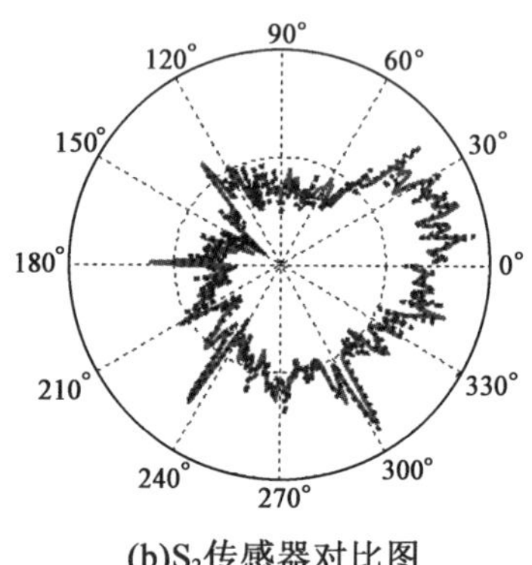

(b)S_2传感器对比图

图 4.6 基准数据和配平后在测试角速度 540 (°)/s 下传感器对比图

4.4.2 基于轴线测量的精密离心机副轴动平衡方法

精密离心机在大过载高速旋转运动过程中,副轴质量的不均匀分布会产生离心作用,从而给副轴引入干扰作用,从而影响双自由度精密离心机的同步精度,因此需要对精密离心机副轴进行动平衡。

基于轴线测量的精密离心机副轴动平衡方法利用微位移传感器测量双自由度精密离心机主轴振动信号,通过有效的试验方案设计和空间矢量算法,能够有效辨识精密离心机副轴动不平衡量的相位和幅值。基于轴线测量的精密离心机副轴动平衡方法的具体过程如图 4.7 所示。

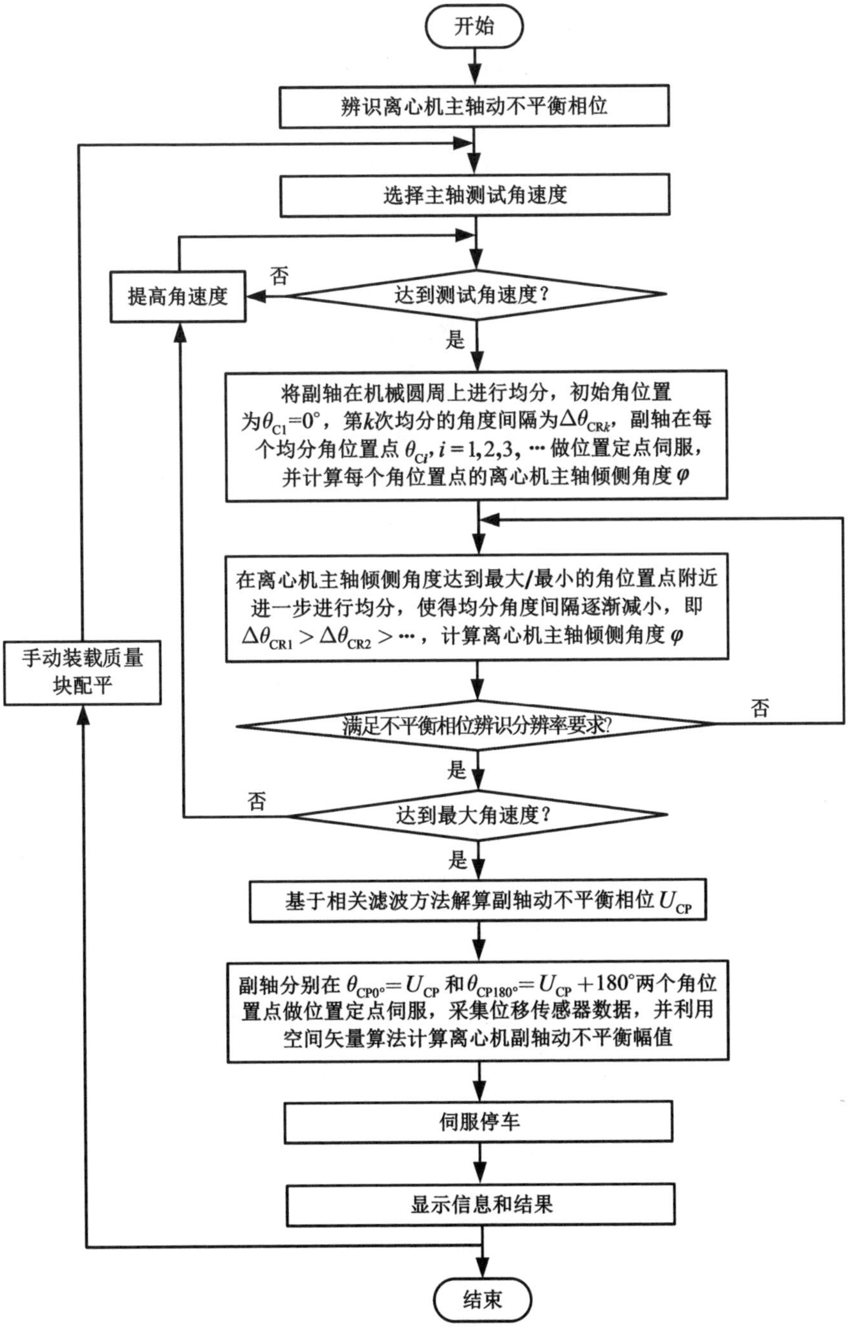

开始

辨识离心机主轴动不平衡相位

选择主轴测试角速度

达到测试角速度？

否

提高角速度

是

将副轴在机械圆周上进行均分，初始角位置为$\theta_{C1}=0°$，第k次均分的角度间隔为$\Delta\theta_{CRk}$，副轴在每个均分角位置点 θ_{Ci}, $i=1,2,3,\cdots$ 做位置定点伺服，并计算每个角位置点的离心机主轴倾侧角度 φ

在离心机主轴倾侧角度达到最大/最小的角位置点附近进一步进行均分，使得均分角度间隔逐渐减小，即 $\Delta\theta_{CR1}>\Delta\theta_{CR2}>\cdots$，计算离心机主轴倾侧角度 φ

满足不平衡相位辨识分辨率要求？

否

是

达到最大角速度？

否

是

基于相关滤波方法解算副轴动不平衡相位 U_{CP}

副轴分别在 $\theta_{CP0°}=U_{CP}$ 和 $\theta_{CP180°}=U_{CP}+180°$ 两个角位置点做位置定点伺服，采集位移传感器数据，并利用空间矢量算法计算离心机副轴动不平衡幅值

伺服停车

显示信息和结果

手动装载质量块配平

结束

图 4.7　基于轴线测量的精密离心机副轴动平衡方法的具体过程

1. 辨识副轴动不平衡量相位

测试双自由度精密离心机主轴振动信号以获得所述离心机的主轴倾侧角度 φ 和主轴动不平衡量相位 U_{MP}，通过比较负载舱在不同定位角度对应的主轴振动信号幅值，获得离心机副轴动不平衡量相位 U_{CP}。副轴动不平衡量相位辨识试验对应各细分位置点的主轴倾侧角示意图如图 4.8 所示。

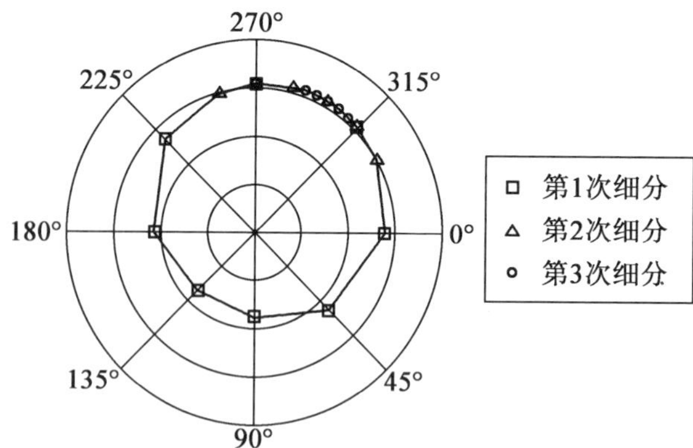

图 4.8　副轴动不平衡量相位辨识试验对应各细分位置点的主轴倾侧角示意图

双自由度精密离心机副轴动不平衡量相位辨识的具体过程如下：

(1) 驱动主轴以 6(°)/s 运行一个机械圆周，采集 S_1 和 S_2 传感器的数据 $R_{10}(\theta_{Mj})$ 和 $R_{20}(\theta_{Mj})$；数据采集方式为位置采样，即固定采样位置间隔为 δ，则采样点数为 $n=360/\delta$，δ 的选取要使 n 为整数，θ_{Mj} 为离散的主轴角位置信号，$j=1,2,\cdots,n$，所得数据为不平衡测量基准数据。

(2) 驱动主轴以角速度 ω 运行，将副轴在机械圆周上进行均分，初始角位置点为 $\theta_{C1}=0°$，第 k 次均分的角度间隔为 $\Delta\theta_{CRk}$，控制副轴在每个均分角位置点 $\theta_{Ci}(i=1,2,3,\cdots,N)$ 做位置定点伺服；记录副轴在各个角位置点上时主轴微位移传感器 S_1 和 S_2 的数据 $R_{1\omega}(\theta_{Mj})$ 和 $R_{2\omega}(\theta_{Mj})$，数据采集方式同上述步骤(1)。

(3) 计算在该角速度下的离心机主轴倾侧角度，采用相关滤波法提取微位移传感器 S_1 和 S_2 采集数据的一次谐波成分，具体过程为：采集数据 $R_1(\theta_{Mj})$ 和 $R_2(\theta_{Mj})$ 的一次谐波的幅值 A_1、A_2 及初始相位角 φ_1、φ_2，分别为

$$A_1=\sqrt{\left[\frac{2}{n}\sum_{j=1}^{n}R_1(\theta_{Mj})\cos\theta_{Mj}\right]^2+\left[\frac{2}{n}\sum_{j=1}^{n}R_1(\theta_{Mj})\sin\theta_{Mj}\right]^2} \tag{4.38}$$

$$A_2=\sqrt{\left[\frac{2}{n}\sum_{j=1}^{n}R_2(\theta_{Mj})\cos\theta_{Mj}\right]^2+\left[\frac{2}{n}\sum_{j=1}^{n}R_2(\theta_{Mj})\sin\theta_{Mj}\right]^2} \tag{4.39}$$

$$\varphi_1 = \arctan \frac{\frac{2}{n}\sum_{j=1}^{n} R_1(\theta_{Mj})\cos\theta_{Mj}}{\frac{2}{n}\sum_{j=1}^{n} R_1(\theta_{Mj})\sin\theta_{Mj}} \tag{4.40}$$

$$\varphi_2 = \arctan \frac{\frac{2}{n}\sum_{j=1}^{n} R_2(\theta_{Mj})\cos\theta_{Mj}}{\frac{2}{n}\sum_{j=1}^{n} R_2(\theta_{Mj})\sin\theta_{Mj}} \tag{4.41}$$

记 $r_1(\theta_{Mj}) = A_1\sin(\theta_{Mj}+\varphi_1)$ 和 $r_2(\theta_{Mj}) = A_2\sin(\theta_{Mj}+\varphi_2)$ 分别为 S_1、S_2 传感器采集数据的一次谐波成分，其矢量形式分别为 $\boldsymbol{r}_1$ 和 $\boldsymbol{r}_2$，主轴几何轴线的相对变化量为

$$\boldsymbol{r} = \boldsymbol{r}_\omega - \boldsymbol{r}_0 \tag{4.42}$$

式中，$\boldsymbol{r}_\omega = \boldsymbol{r}_{1\omega} - \boldsymbol{r}_{2\omega}$，$\boldsymbol{r}_0 = \boldsymbol{r}_{10} - \boldsymbol{r}_{20}$。

利用相关滤波法得到矢量 $\boldsymbol{r}$ 的幅值 A_r，则在该角速度下的离心机主轴倾侧角度为

$$\varphi = \frac{648\ 000 CA_r}{\pi h} \tag{4.43}$$

（4）在离心机主轴倾侧角度达到最大或最小的角位置点附近对副轴机械圆周进一步进行均分，均分角度间隔逐渐减小，即 $\Delta\theta_{CR1} > \Delta\theta_{CR2} > \cdots$，直到副轴位置定点伺服角度间隔值 $\Delta\theta_{CRk}$ 满足不平衡相位辨识分辨率要求为止。按照步骤（3）的方法计算不同位置定点下的主轴倾斜角，则副轴动不平衡量相位为

$$\begin{cases} U_{CP} = \underset{\theta_{Ci}, i=1,2,\cdots,N}{\operatorname{argmax}} U_{MP} = 0 \\ U_{CP} = \underset{\theta_{Ci}, i=1,2,\cdots,N}{\operatorname{argmin}} U_{MP} = \pi \end{cases} \tag{4.44}$$

双自由度精密离心机的结构特点决定了其取值只存在两种情况：$U_{MP} = 0$，即主轴动不平衡指向负载舱；$U_{MP} = \pi$，即主轴动不平衡指向配重舱。

2. 计算副轴动不平衡量幅值

根据离心机副轴动不平衡量相位 U_{CP}，并结合负载舱的不平衡量在 0°和 180°时对应的主轴振动信号幅值，可计算离心机副轴动不平衡量幅值 U_{CA}。副轴动不平衡量幅值计算试验设计示意图如图 4.9 所示。

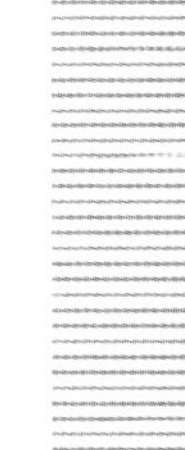

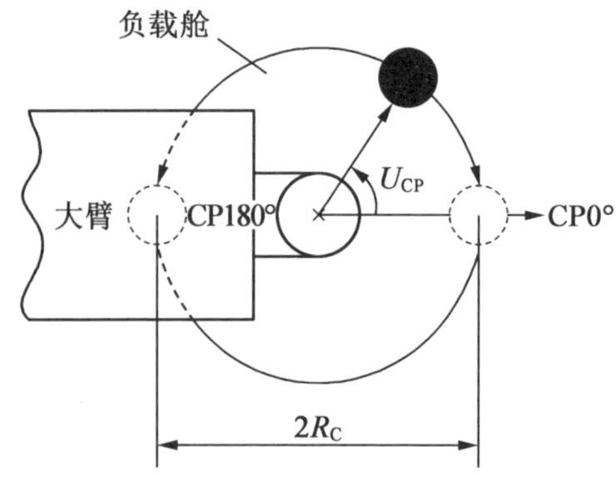

图 4.9 副轴动不平衡量幅值计算试验设计示意图

双自由度精密离心机副轴动不平衡量幅值计算的具体过程如下：

(1)驱动主轴以 ω 运行，控制副轴在角位置点 U_{CP} 做位置定点伺服；记录 S_1、S_2 传感器的数据 $R_{1\omega CP0^\circ}(\theta_{Mj})$ 和 $R_{2\omega CP0^\circ}(\theta_{Mj})$，其一次谐波分别为 $\boldsymbol{r}_{1\omega CP0^\circ}$ 和 $\boldsymbol{r}_{2\omega CP0^\circ}$。

(2)控制副轴在角位置点 $U_{CP}+180^\circ$ 做位置定点伺服，记录 S_1、S_2 传感器的数据 $R_{1\omega CP180^\circ}(\theta_{Mj})$ 和 $R_{2\omega CP180^\circ}(\theta_{Mj})$，其一次谐波分别为 $\boldsymbol{r}_{1\omega CP180^\circ}$ 和 $\boldsymbol{r}_{2\omega CP180^\circ}$。

(3)以上两种情况下主轴几何轴线的方位矢量分别为

$$\boldsymbol{r}_{\omega CP0^\circ}=\boldsymbol{r}_{1\omega CP0^\circ}-\boldsymbol{r}_{2\omega CP0^\circ} \tag{4.45}$$

$$\boldsymbol{r}_{\omega CP180^\circ}=\boldsymbol{r}_{1\omega CP180^\circ}-\boldsymbol{r}_{2\omega CP180^\circ} \tag{4.46}$$

则两种情况下离心机主轴几何轴线的相对变化量为

$$\boldsymbol{r}_{\omega CP}=\boldsymbol{r}_{\omega CP0^\circ}-\boldsymbol{r}_{\omega CP180^\circ} \tag{4.47}$$

若 $\boldsymbol{r}_{\omega CP}$ 的幅值为 $A_{\omega CP}$，则两种情况下主轴倾角差 $\Delta\varphi$ 为

$$\Delta\varphi_\omega=\frac{648\ 000CA_{\omega CP}}{\pi h} \tag{4.48}$$

则副轴动不平衡量幅值为

$$U_{CA}=\frac{K_\varphi\Delta\varphi_\omega}{2(\omega^2H+g_0)} \tag{4.49}$$

式中 U_{CA}——副轴动不平衡量幅值，kg · m；

K_φ——主轴角刚度，N · m/(″)；

g_0——当地重力加速度，m/s^2；

H——回转臂中性面与主轴质心间距，m。

3. 仿真验证

选用双轴精密离心机模型进行仿真，分别设定如图4.10所示的4种情形，情形1～4分别对应相位为120°时，静不平衡、准静不平衡和静、偶不平衡相位差分别为45°和90°的动不平衡。其中10 kg大球体为静不平衡质量块，1 kg小球体为偶不平衡质量块，立方体为配平质量块。

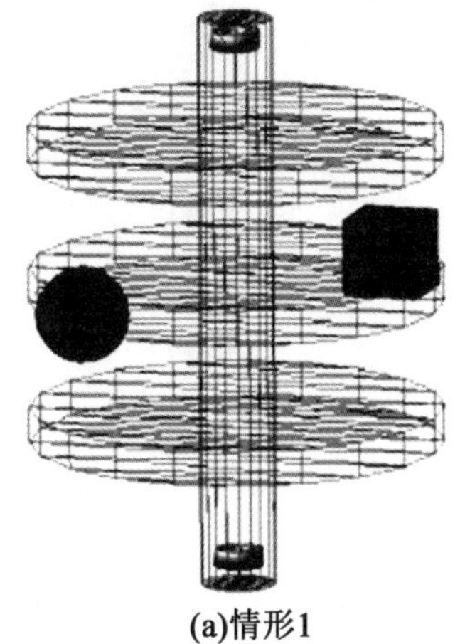

(a)情形1

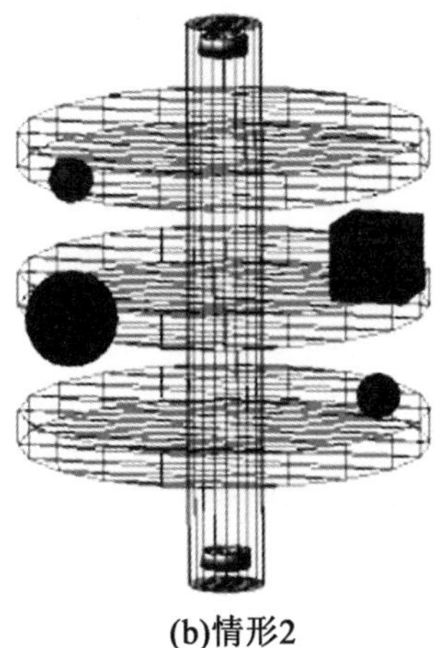

(b)情形2

图4.10　仿真所采用的质量块位置分布图

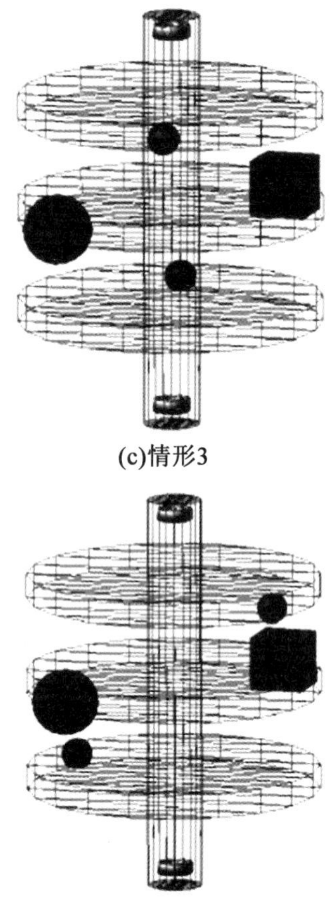

(c)情形3

(d)情形4

图 4.10(续)

设置主轴以 360(°)/s 运行,将副轴在机械圆周上均分,初始角位置点为 0°,均分的角度间隔分别为 45°、15°和 5°,即相位辨识的分辨率为 5°。记录副轴在各个位置上时 S_1 和 S_2 传感器的数据,并计算各个位置点上主轴轴系的倾侧角度,从而得到双自由度精密离心机副轴动不平衡量相位 U_{CP},仿真结果如图 4.11 所示。

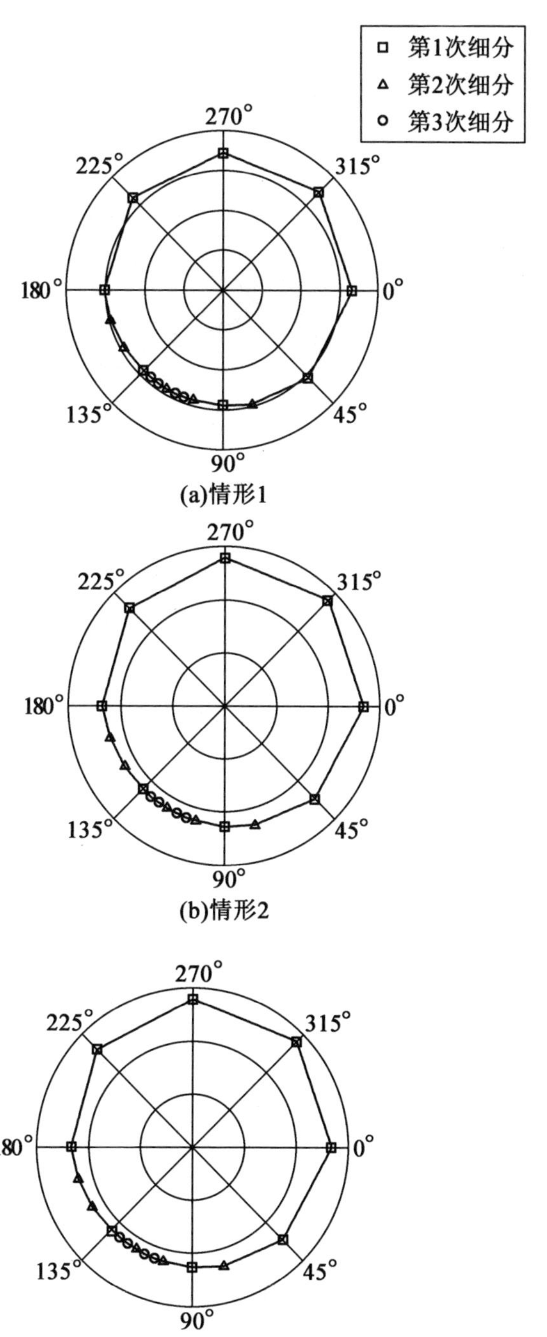

图4.11 副轴动不平衡量相位 U_{CP} 辨识仿真结果

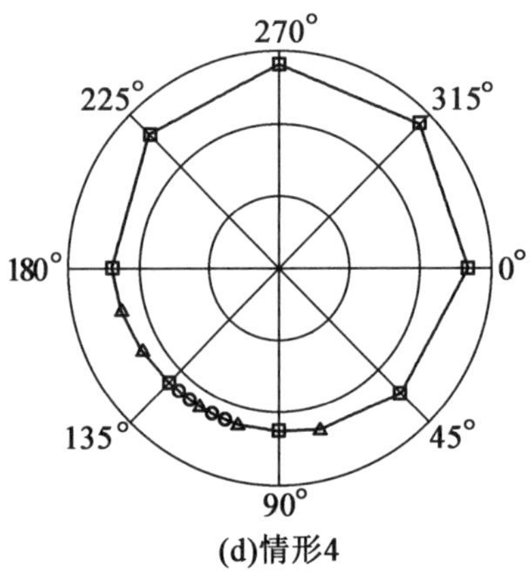

(d)情形4

图 4.11(续)

控制副轴在角位置点 U_{CP}和角位置点 $U_{CP}+180°$分别做位置定点伺服,记录 S_1 和 S_2 传感器的数据,利用空间矢量算法得到主轴几何轴线的方位矢量,进而可以利用离心机主轴几何轴线的相对变化量计算主轴倾侧角度的变化量。依据力矩平衡原理,可以计算副轴动不平衡量的幅值,并进行动平衡校正。

对以上 4 种情形分别进行仿真试验,结果见表 4.3。由表 4.3 可见,配平后副轴轴系晃动量明显减小,不平衡衰减率大于 95%。

表 4.3 配平前后仿真对比

仿真结果	情形 1	情形 2	情形 3	情形 4
配平前倾侧角/(″)	0.016 4	0.016 5	0.016 5	0.016 5
配平后倾侧角/(″)	1.38×10^{-5}	8.21×10^{-5}	6.71×10^{-5}	3.98×10^{-5}
正方体质量/kg	9.96	10.55	10.46	10.28
不平衡衰减率/%	99.16	95.03	95.94	97.59

4. 试验验证

设置主轴以 360(°)/s 运行,均分的角度间隔分别为 45°、15°、5°和 1°,如图 4.12 所示,并给出了角分辨率为 1°的放大图。

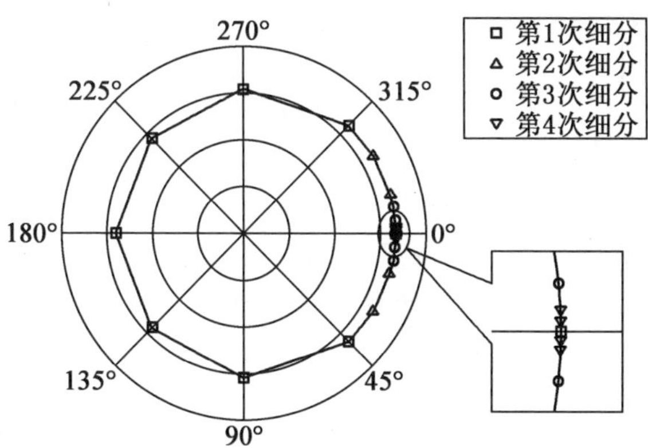

图 4.12　副轴动不平衡量相位辨识试验结果

选择 $\theta_{CP0}=2°$，$\theta_{CP180}=182°$，S_1 和 S_2 传感器的信号如图 4.13 所示，计算得到校正质量为 10.847 kg。在副轴 180°处附加了一个 10 kg 的质量块，得到不平衡校正前后副轴电动机的驱动电流如图 4.14 所示。显然，副轴系统的振动已大大降低。

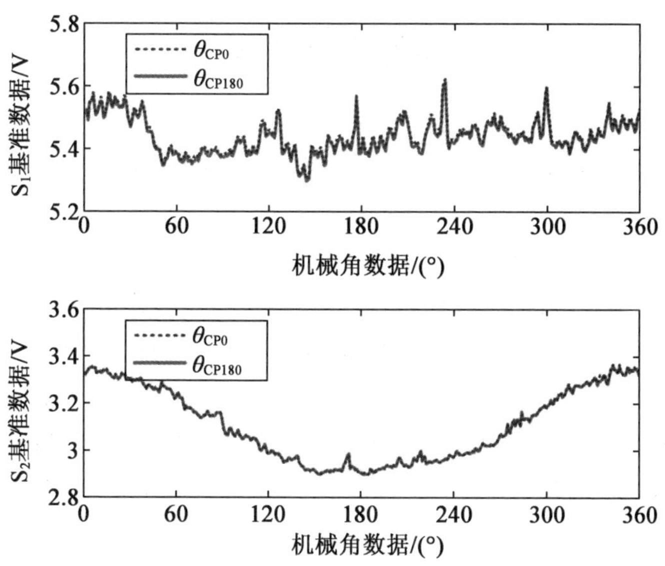

图 4.13　S_1 和 S_2 传感器的信号

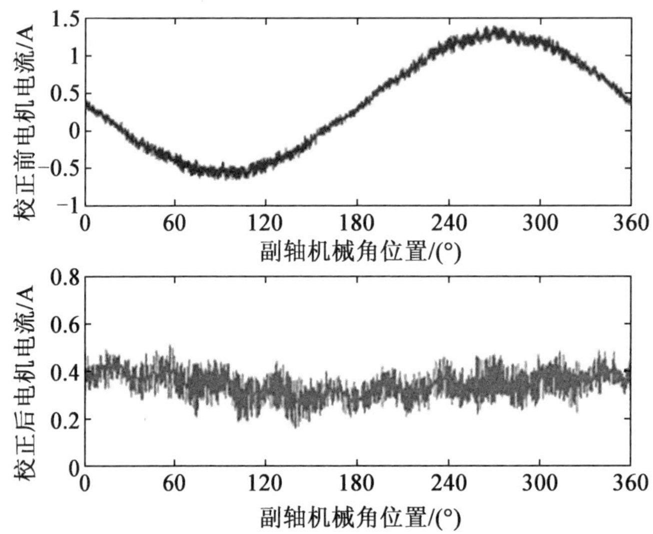

图 4.14　不平衡校正前后副轴电机驱动电流曲线

本章参考文献

[1]　三轮修三，下村玄. 旋转机械的平衡[M]. 朱晓农，译. 北京：机械工业出版社，1992.

[2]　闻邦椿，顾家柳，夏松波，等. 高等转子动力学：理论、技术与应用[M]. 北京：机械工业出版社，1997.

[3]　ISO. Mechanical vibration – Balancing – Vocabulary：ISO 1259：2001[S]. ISO，1990.

[4]　CANEPA E，CATTANEI A，ZECCHIN F M. Analysis of tonal noise generating mechanisms in low – speed axial – flow fans[J]. Journal of Thermal Science，2016，25(4)：302-311.

[5]　孙延添. 刚性转子现场动平衡理论分析及实验研究[D]. 北京：清华大学，2005.

[6]　THEARLE E L. Dynamic balancing of rotating machinery in the field[J]. ASME Transaction，Journal of Applied Mechanics，1934，56(8)：745-753.

[7]　MILLER C A. Dynamic reduction of structural models[J]. Journal of the Struc-

tural Division, 1980, 106(10):2097-2108.

[8] ARAKELIAN V, DAHARN M. Dynamic balancing of mechanisms[J]. Mechanics Research Communications, 2000, 27(1): 1-6.

[9] MELDAHL A. Auswuchten elastischer rotoren[J]. Zamn-zeitschrift Fur Angewandte Mathematik Und Mechanik,1954, 34(8-9): 317-318.

[10] DARLOW M. A unified approach to the mass balancing of rotating flexible shafts[D]. Floridea:University of Florida, 1980.

[11] GOODMAN T P. A least – squares method for computing balance corrections [J]. Journal of Manufacturing Science & Engineering, 1964, 86(3): 273-277.

[12] 白木万博,神吉博, 中根秀彦,等. 大型汽轮机转子的现场自动平衡[J]. 三菱重工技报, 1973, 10 (6): 7-17.

[13] DARLOW M S, SMALLEY A J, PARKINSON A G. Demonstration of a unified approach to the balancing of flexible rotors[J]. Journal of Engineering for Gas Turbines & Power, 1981, 103(1):101-107.

[14] 刘正士,陈心昭. 转子动平衡的相对系数法及其在动态信号分析仪上的实现[J]. 机械强度, 1994(4): 53-57.

[15] 屈梁生, 邱海,徐光华. 全息动平衡技术:原理与实践[J]. 中国机械工程, 1998, 9(1): 60-63.

[16] 朱向阳, 钟秉林. 具有上界约束的挠性转子最优平衡质量计算[J]. 机械工程学报, 1999(3):34-37,51.

[17] 勾新刚, 张大卫, 曾子平. 遗传算法在转子影响系数平衡法中的应用[J]. 机械设计, 2002,19(7):32-34.

[18] 章璟璇, 唐云冰, 罗贵火. 最小二乘影响系数法的优化改进[J]. 南京航空航天大学学报, 2005, 37(1):110-113.

[19] PARKINSON A G. Balancing of rotating machinery[J]. Proceedings of the Institution of Mechanical Engineers. Journal of Mechanical Engineering Science, 1991, 205(1): 53-66.

[20] VAN DE VEGTE. Balancing of flexible rotors during operation[J]. Journal of Mechanical Engineering Science, 1981, 23(5): 257-261.

[21] 李顺利. 精密离心机动平衡新方法的研究[J]. 哈尔滨工业大学学报,

2001, 33 (4):428-430,434.

[22] 李顺利,房振勇,刘长在,等.精密离心机动平衡测试新方法的研究[J].应用力学学报, 2001, 18(1):65-69,159.

[23] 李顺利.多传感器信息融合在精密离心机动平衡测试系统中的应用[J].机械工程学报, 2002,38(6):115-118.

第5章

精密离心机回转半径测量

5.1 概　　述

作为影响精密离心机产生向心加速度精度的核心因素,如何解决回转半径的测量问题一直是国内外精密离心机研制的关键技术之一。影响精密离心机回转半径的因素有很多,如大过载下回转零部件的动态拉伸变形、环境温度变化引起的材料变形、主轴轴系的回转精度、负载安装支架的变形、空气扰动、机械振动等。精密离心机系统要保证较高的加速度精度,必须解决精密离心机回转半径的高精度测量与补偿问题。

本章将首先介绍精密离心机回转半径测量问题,对静态半径测量问题和动态半径测量问题进行阐述。然后对基于量杆测量法和基于反算法的精密离心机静态半径测量方法,以及基于激光干涉法和基于电容测微仪的精密离心机动态半径测量方法进行详述。最后给出一种基于角位置采样的精密离心机动态半径测量方法,并对该方法进行试验验证。

5.2 精密离心机回转半径测量问题

5.2.1 精密离心机回转半径测量问题概述

精密离心机的主要性能包括向心加速度精度和姿态角精度,下面首先分析回转半径对向心加速度的影响。将加速度计安装于精密离心机半径外端,当精密离心机主轴旋转时,在加速度计安装处产生的向心加速度为

$$G = \omega^2 R \tag{5.1}$$

式中 G——向心加速度,m/s²;

ω——精密离心机主轴的旋转角速度,rad/s;

R——精密离心机回转半径,即精密离心机主轴旋转时,被测加速度计质心到精密离心机主轴回转轴线的距离,m。

根据误差理论公式,得到向心加速度的相对误差为

$$\frac{\Delta G}{G} = 2\frac{\Delta\omega}{\omega} + \frac{\Delta R}{R} \tag{5.2}$$

式中 ΔG——精密离心机产生的向心加速度误差,m/s²;

$\Delta\omega$——精密离心机主轴旋转角速度的控制与测量误差,rad/s;

ΔR——精密离心机回转半径 R 的测量误差,m。

ΔR 和 $\Delta\omega$ 都会造成向心加速度误差,从而影响加速度计误差模型标定试验的精度。由式(5.2)可以看出,向心加速度的相对误差主要由 $\Delta\omega/\omega$ 和 $\Delta R/R$ 决定,其中 $\Delta\omega/\omega$ 的误差很小,而回转半径 R 的误差影响较大。由此可知,实现回转半径的准确测量对提高精密离心机向心加速度的精度具有重要意义。

当精密离心机处于静态时,其主轴回转轴线到加速度计质心的距离称为静态半径。当精密离心机主轴旋转时,由于温度、离心机内部结构变化等因素,精密离心机的回转半径与静态半径不再相等,此时回转半径的动态变化量称为精密离心机的动态半径。在实际应用中,导致精密离心机回转半径发生变化的因素主要包括转台方位失准角和俯仰失准角变化、温度变化引起转台热胀冷缩、转台旋转时受离心力作用产生的形变和主轴回转误差等。

实际系统中精密离心机的回转半径为静态半径与动态半径的和,即

$$R = R_0 + r \tag{5.3}$$

式中 R_0——离心机的静态半径,m;

r——离心机的动态半径，m。

当测量精密离心机的回转半径时，其静态半径和动态半径应当分别测量，由式(5.3)可得

$$\delta R = \delta R_0 + \delta r \tag{5.4}$$

式中　δR——回转半径的测量误差，m；

δR_0——静态半径的测量误差，m；

δr——动态半径的测量误差，m。

由式(5.4)可知，精密离心机回转半径的测量精度由静态半径的测量精度和动态半径的测量精度共同决定，回转半径的测量精度表示为

$$U_R = \sqrt{U_{R_0}^2 + U_r^2} \tag{5.5}$$

式中　U_R——回转半径的测量精度；

U_{R_0}——静态半径的测量精度；

U_r——动态半径的测量精度。

由式(5.5)可以看出，若想提高回转半径的测量精度，需同时提高静态半径和动态半径的测量精度。不同精度等级的精密离心机对回转半径测量精度要求不同，表 5.1 给出了精密离心机等级分类。

表 5.1　精密离心机等级分类

离心机精度等级	0.1 级	0.01 级	0.001 级	0.000 1 级
回转半径合成标准不确定度	5×10^{-4}	5×10^{-5}	7×10^{-6}	7×10^{-7}
离心机加速度测量不确定度	10^{-3}	10^{-4}	10^{-5}	10^{-6}

5.2.2　静态半径测量问题

当精密离心机静止时，其主轴回转轴线与加速度计质心之间的距离称为精密离心机的静态半径。静态半径的测量精度将影响精密离心机输出加速度的精度，进而对加速度计的校准和检测精度产生影响。

一般来说，精密离心机静态半径的测量精度至少比精密离心机输出加速度的测量精度高数倍，尤其是不确定度为 10^{-5} 或 10^{-6} 量级的精密离心机，高精度测量对其测量系统以及自身整体性能都有极高的要求。

基于目前已有的文献报道，精密离心机静态半径的测量方法主要分为两类：一是采用量杆(量块)测量法直接测量，这种方法可以将量杆和高精度测微仪结

合,对静态半径进行直接测量,也可以用精密量块和基准环或激光自准直仪等进行直接测量;二是采用精密加速度计通过反算法得到回转半径,再用回转半径减去动态半径得到静态半径。

由中国航天科技集团公司第九研究院第十六研究所研制的 DGLE5 型离心机使用两只石英玻璃制成的标准量杆和高精度电感测微仪共同测量其静态半径,该方法测得的静态半径标称值为 2 000 mm,测量精度为 4.7 μm。

由中国航空计量技术研究所研制的盘式离心机的静态半径同样是采用量杆测量法直接测量,测得静态半径为 1 000 mm,测量精度为 3.2 μm。

哈尔滨工业大学的杨巨宝等人采用精密量块测量了静态半径为 2 000 mm 的精密离心机,测量精度为 6.8 μm。其测量原理与量杆测量法相似,只需将量杆测量法中的量杆换成量块即可。

哈尔滨工业大学的陈希军等人采用铟钢米尺比对法测量了静态半径为 1 000 mm的精密离心机,测量精度为 1.2 μm。这一方法的具体测量过程如下:将一高准确度、高灵敏度、有良好重复性的加速度计安装在铟钢米尺的一端,将铟钢米尺安装在转台的水平位置,并使速率转台转动轴心在铟钢米尺另一端平面内,即将加速度计安装在距离速率转台转动轴心的一个可以精确确定的位置上。给定角速率 ω_1,记录相应的加速度计输出值 u_1。记铟钢米尺的长度为 L,加速度计质心到安装面的距离为 l,那么它们之间的关系满足

$$u_1 = (L + l)\omega_1^2 \tag{5.6}$$

将该加速度计移至精密离心机大臂基准面上,在给定的角速率 ω_2 下,记录加速度计输出值 u_2,精密离心机大臂的静态半径为 R_0,那么它们之间的关系满足

$$u_2 = (R_0 + l)\omega_2^2 \tag{5.7}$$

结合式(5.6)和式(5.7),可以计算出精密离心机的静态半径 R_0 为

$$R_0 = \frac{u_2}{\omega_2^2} - \frac{u_1}{\omega_1^2} + L \tag{5.8}$$

哈尔滨工业大学的杨亚非等人研究了基于反算法的精密离心机静态半径测量方法。首先以重力场下的某个加速度值为基准调整精密离心机转速,使待测加速度计的输出值等于该基准值,通过修正的加速度载荷公式反算该状态下的工作半径,再用工作半径减去动态半径即可得到静态半径。

5.2.3 动态半径测量问题

工作半径的动态变化量称为精密离心机的动态半径,为了保证离心机加速度模型的准确性,必须对动态半径进行准确测量,并将其作为回转半径的动态分

量补偿到离心机的加速度模型中。对于 10^{-6} 量级的精密离心机，要求其动态半径的测量标准不确定度达到 0.3 ~ 0.6 μm。因此，应当选择适当的测量方法以保证系统的测量精度要求。

动态半径是一个相对概念，其测量存在着测试基准的问题，测试基准主要分为内基准和外基准。内基准是指动态半径测量系统在测量过程中随着精密离心机的大臂一起转动，其缺点在于无法确定回转半径的变化是由精密离心机主轴的回转误差引起的还是由动不平衡造成的主轴扰动引起的。外基准是指动态半径测量系统位于精密离心机的机体之外，用于测量动态半径的传感器的一个极板安装在精密离心机大臂上，随着大臂一同转动，其缺点在于基准的变化会产生误差，并且不能连续测试。

目前，国内外精密离心机动态半径的测量方法见表 5.2。动态半径的测量方法主要包括查表法、双频激光干涉法、电容测微仪法、差动位移传感器法、量杆测量法等，大多数测量方法的差别主要体现在测量装置上。

表 5.2　国内外精密离心机动态半径的测量方法

精密离心机型号	国别	测量方法	半径/m	测量精度	测量基准
MIT/IL	美国	电容测微仪	9.800	2.00×10^{-6}	外基准
LRBA			1.430	1.75×10^{-6}	
G460			2.540	$(2.00 \sim 3.00) \times 10^{-6}$	
G460S			2.540	0.50×10^{-6}	
445		双频激光	2.540	0.10×10^{-6}	内基准
POTOP	俄罗斯	电容测微仪	2.500	5.00×10^{-6}	外基准
ДЦ - 2		双频激光	0.500	3.00×10^{-6}	内基准
DGLE - 5	中国	电容测微仪	2.064	3.10×10^{-6}	
LXJ - 40		量杆和千分表	0.880	1.50×10^{-5}	
JML - I		双频激光	2.500	1.00×10^{-6}	
461		—	0.469	—	

俄罗斯门捷列夫计量院采用查表法，该方法通过离线测得离心机臂长的动态变化量，编制成相应的曲线或数据表格，用户每次试验后，根据当时的试验条件，查找相应的数据表格或曲线，获得需要的修正值。

双频激光干涉仪是一种非接触测量的光学装置，美国 CIGTF 实验室装备的离心机采用此种方法测量动态半径。具体的测量方法为:将双频激光干涉仪安装在精密离心机主轴端部,随主轴一起转动,光路采用真空玻璃管传输,以消除空气扰动的影响。该方法的优点是能够直接反映半径的动态变化量,并且可以避免磨损和热膨胀的影响,此外,这种装置无论是模拟量输出还是数字量输出,都可以实现连续监测;缺点是激光干涉仪对环境因素的变化敏感,如温度的变化、离心机旋转时气流的扰动及气压的变化等,造成测量系统示值不稳定,这种方法不仅成本较高,也不便于安装和调整。

电容测微仪具有非接触测量、安装方便、动态频响较高的特点。通过在精密离心机转台外部安装测微仪来测量转台径向变化,将其近似为工作半径的动态变化量。此种方法适用于动态测量和在线监测。哈尔滨工业大学研制的盘式大过载精密离心机采用了这种在线测量方法。具体的测量方法为:在离心机主轴附近固定并沿半径方向自由延伸出一个测微仪专用支架,采用高精度电容测微仪实时测量回转臂外固定点沿半径方向的位移变化量,电容测微仪自身动态测量精度在1 ~2 μm。为消除环境温度的影响,电容测微仪支架需要采用稳定系数小的材料,以保证地基随温度的变化量不会改变测微仪相对于离心机主轴轴线的绝对距离。

线位移传感器与量杆等设备的组合也可用于测量精密离心机的动态半径,如哈尔滨工业大学的杨巨宝等人设计的测量系统,该系统测量标称半径为2 000 mm的离心机动态半径时,测量误差小于2.75 μm。其测量原理为:将线位移传感器安装在主轴轴线与离心机台面交点处,将测量头与长石英杆的一端接触并对准主轴轴线,长石英杆的另一端通过弹簧等装置固定在半径外端。当精密离心机主轴旋转时,由于回转半径的动态变化,量杆将移动并输出电信号,电信号经过电子线路后输出,即可得到动态半径值。

5.3 精密离心机静态半径测量方法

静态半径测量是精密离心机研制的关键技术之一,其测量精度关系到精密离心机输出加速度值的准确度和不确定度,进而影响加速度计的校准和检测精度。目前针对精密离心机的静态半径测量主要包括量杆测量法和反算法。

5.3.1 基于量杆测量的精密离心机静态半径测量方法

离心机静态半径的测量大多基于量杆测量法,类似地,还可以使用高精度量

块进行测量，其基本原理与使用量杆相似。基于量杆测量的精密离心机静态半径测量方法示意图如图5.1所示。

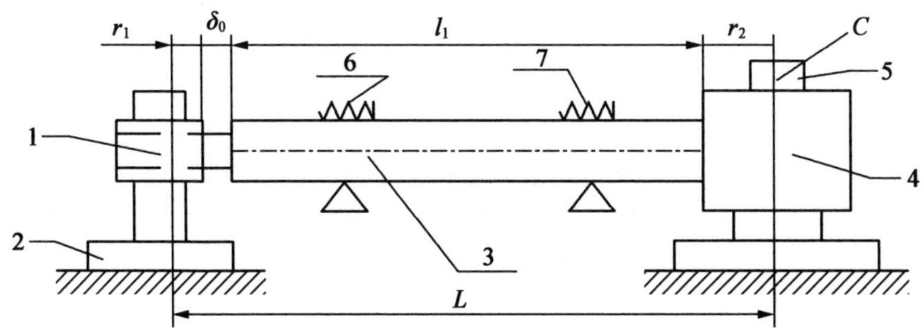

图 5.1　基于量杆测量的精密离心机静态半径测量方法示意图

1—测微仪；2—基准环（与主离心机同轴）；3—精密量块；4—基准环（与从离心机同轴）；5—被校对象；6—静态压紧弹簧；7—动态压紧弹簧

该方法测量静态半径的步骤如下：

（1）通过动态压紧弹簧，将精密量块紧靠在安装定位装置的基准面上，电感（电容）测微仪触头紧靠在量块的左端面。

（2）移动量块的一端，找到最小回转点，并调整电感（电容）测微仪对零。

（3）松开动态压紧弹簧，借助静态压紧弹簧使量块左移，量块端推动测微仪直至紧靠到基准环上，记下电感（电容）测微仪输出 δ_0。

由图 5.1 可得，静态半径的测量值为

$$R_0 = r_1 + \delta_0 + l_1 + r_2 \tag{5.9}$$

式中　r_1——主离心机基准环半径，即离心机启动前电感（电容）测位仪实测的静态间隙，m；

l_1——精密量块的长度，m；

r_2——从离心机基准环的半径，m。

采用量杆或高精度量块直接测量静态半径的方法具备一定的测量精度，但是很难满足高精度精密离心机的精度要求，并且对试验设计、技术措施、测量条件等要求严格。此外，量杆测量法比较适用于小尺寸离心机静态半径的测量，虽然利用该方法测量大尺寸离心机静态半径也能满足精度要求，但在对标准量杆长度标定时所用的拼接方法比较复杂，标定成本高，误差控制环节多，受环境因素影响大，并且不易安装操作。

5.3.2 基于反算法的精密离心机静态半径测量方法

采用量杆或高精度量块直接测量静态半径的方法难以满足高精度精密离心机的要求,并且,当工作半径难以直接测量时,无法确定主轴回转中心和质量有效中心的准确位置。因此,在对静态半径的测量精度要求较高时可以采用测量精度更高的反算法。反算法以重力场下的某个加速度值(一般取 $1g$)为基准,调整精密离心机转速,使待测加速度计输出值等于该基准值,通过修正的加速度模型来反算该状态下精密离心机的回转半径值,将这一回转半径值作为精密离心机的基准半径,从此回转半径减去动态半径即得到静态半径。

基于反算法的精密离心机静态半径测量方法原理图如图 5.2 所示,主轴回转轴线到待测加速度计有效质量中心的距离即为静态半径。当待测加速度计输入轴与精密离心机静态半径方向重合时,加速度计测量到的加速度含有精密离心机的向心加速度。向心加速度是静态半径的函数,因此加速度计输出值中含有静态半径的信息。结合加速度计在重力场下校准得到的一阶静态模型方程以及其他测量分量,并按照已确定的精密离心机输出到加速度计输入轴上的加速度数学模型,即可反解出此状态的回转半径值,即基准半径。

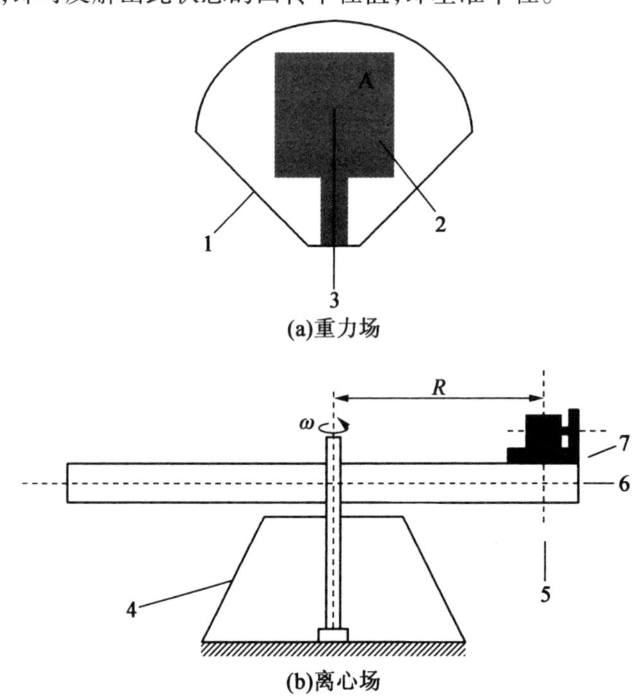

图 5.2 基于反算法的精密离心机静态半径测量方法原理图

1—精密分度头;2—测微加速度计;3—精密量块;4—精密离心机;
5—动态俯仰失准角测量系统;6—动态半径测量系统;7—定位平台(夹具)

反算法测量静态半径的具体步骤归纳如下：

(1)首先，使用绝对重力仪测量当地重力加速度值，然后采用精密分度头等专业仪表使加速度计工作轴向与重力加速度方向成不同的角度，读取加速度计在 $0\sim1g$ 加速度输入下的电压或电流。通过加速度计的输出值，可以拟合出加速度计在重力场下的零次项系数和标度因数，标定出加速度计的一次静态模型方程。

(2)将待测加速度计安装到精密离心机的定位平台或夹具上，对加速度计姿态进行调整，使加速度计的输入轴与精密离心机回转半径方向尽量重合。

(3)为了补偿不可测的加速度计输入轴和夹具安装俯仰失准角对静态半径的影响，需要先在静态下记录加速度计的输出值，当精密离心机处于静态时，直接读出此时待测加速度计的输出电压或电流值，记作 U_0 或 I_0。由于此时精密离心机的转速为零，加速度计输入轴感知到的加速度实际只有俯仰失准角作用下的重力加速度，此时加速度计的输入值为

$$a_0 = g\lambda \tag{5.10}$$

式中　a_0——离心机静态时的待测加速度计输入值，m/s²；

λ——加速度计输入轴相对于地表的静态俯仰失准角，rad。

电子水平仪测量得到的是定位平台或离心机转臂相对于地表的俯仰失准角，可以将 λ 分为两个角度之和的形式，因此有

$$a_0 = g(\lambda_0 + \lambda_1) \tag{5.11}$$

式中　λ_0——可测量的定位平台或大臂相对于地表的静态俯仰失准角，rad；

λ_1——不可测的或测不准的加速度计静态俯仰失准角，rad。

(4)精密离心机旋转时，使待测加速度计输出电压或电流等于 U_g(U_g 对应的加速度计输入值记为 a_g，通常基准 a_g 约为 $1g$ 或小于 $1g$)。当离心机的转速稳定后，记录此时的转速为 ω_g。对于精度较高的精密离心机，此状态下加速度计输入轴上感知的加速度除了向心加速度外，还包括重力加速度及科氏加速度等，根据加速度模型的简化公式，有

$$a_g = \omega_g^2 R + (\lambda_0 + \lambda_1 + \Delta\lambda_g)g \pm 2\omega_g\omega_\varepsilon R\sin\theta \tag{5.12}$$

式中　R——精密离心机在加速度 a_g 下的基准半径，m；

ω_ε——地球自转角速度，rad/s；

$\Delta\lambda_g$——转速为 ω_g 时的动态俯仰失准角，rad；

θ——精密离心机所在之地的地球纬度，(°)。

对于北半球国家，精密离心机逆时针方向旋转时，式(5.12)中的“ ± ”号取“ + ”。

根据式(5.11)和式(5.12)，可反解出基准半径为

$$R=\frac{a_g-a_0-\lambda_g g}{\omega_g^2\pm 2\omega_g\omega_\varepsilon\sin\theta}=\frac{(U_g-U_0)/k_1-\Delta\lambda_g g}{\omega_g^2\pm 2\omega_g\omega_\varepsilon\sin\theta} \tag{5.13}$$

式中　k_1——待测加速度计的标度因数，A/g 或 V/g。

如果在调整待测加速度计在精密离心机定位平台上的姿态后，静态俯仰失准角和方位失准角仍然较大，其量级影响了基准半径的测量精度，需按下式补偿二者对基准半径的影响：

$$R=\frac{(U_g-U_0)/k_1-\Delta\lambda_g g}{(\omega_g^2\pm 2\omega_g\omega_\varepsilon\sin\theta)\cos\lambda_0\cos\lambda_2} \tag{5.14}$$

式中　λ_2——可测量的方位失准角，即加速度计安装平台在上平面内相对于离心机半径方向的偏角，rad。

反算法测量的是加速度计质心到主轴回转轴线的距离，测量准确度远高于基于量杆或精密量块等仪器的直接测量方法。式(5.14)即为精密离心机的基准半径计算公式，该测量方法能够补偿不可测的加速度计输入轴和夹具安装俯仰失准角对静态半径的影响。将两次加速度计的输入加速度值相减，能够将加速度计、精密离心机加速度模型、测量仪器中的系统误差以及加速度计的偏值抵消，进一步提高测量的准确度。

5.4　精密离心机动态半径测量方法

精密离心机动态半径是影响其输出加速度精确度的主要因素，精确测量离心机动态半径是离心机研制工作的关键和难点。为了保证离心机加速度模型的准确性，必须对动态半径进行准确测量，并将其作为回转半径的动态分量补偿到离心机的加速度模型中。针对精密离心机动态半径测量问题，本章主要介绍两种方法，分别为基于激光干涉原理和基于电容测微仪的测量方法。

5.4.1　基于激光干涉原理的精密离心机动态半径测量方法

双频激光干涉仪是一种非接触测量的光学装置，能够直接反映半径的动态变化量，同时可以避免磨损和热膨胀的影响，能够实现连续地监测。基于激光干涉原理的精密离心机动态半径测量系统如图5.3所示。

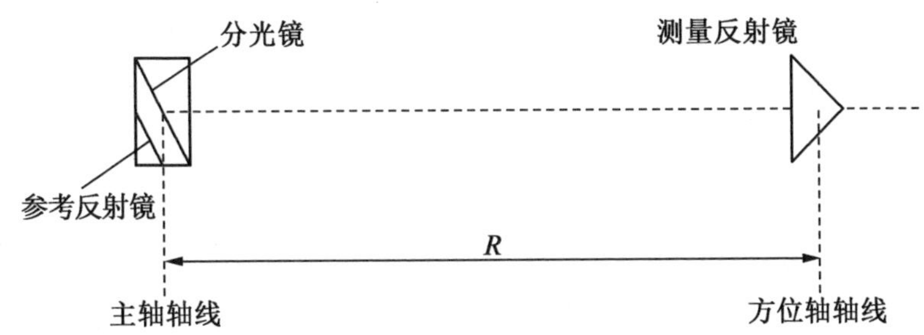

图 5.3　基于激光干涉原理的精密离心机动态半径测量系统

测量动态半径时，在精密离心机主轴轴线与台面的交点处安装激光器和参考反射镜，在方位轴轴线与台面的交点处安装测量反射镜，通过双频激光干涉仪测量离心机工作时反射镜的位移变化，该位移变化反映了精密离心机工作时产生的动态半径。

采用双频激光测量法测精密离心机动态半径的光路原理如图 5.4所示。当精密离心机处于静态时，从双频激光干涉仪的测量头处发射出一束包含两种不同频率 f_1 和 f_2 的激光。在这束光的前进方向放置的 $\lambda/4$ 玻片能够将光束中的两种频率激光的振动方向变为垂直，在光束通过分光镜后就分离成了频率分别为 f_1 和 f_2 的两束光。频率为 f_1 的光被分光镜的分光面反射后，射向固定反射镜，被固定反射镜反射回分光镜。由于频率为 f_1 和 f_2 的两束光的振动方向互相垂直，频率为 f_2 的光则透过分光镜继续沿着光路方向前进，射向安装在测量目标处的测量反射镜，被测量反射镜反射回分光镜，光束 f_2 与透过分光镜的光束 f_1 形成差频信号，此差频信号称为测量动态半径的参考信号，频率为 $|f_1 - f_2|$。

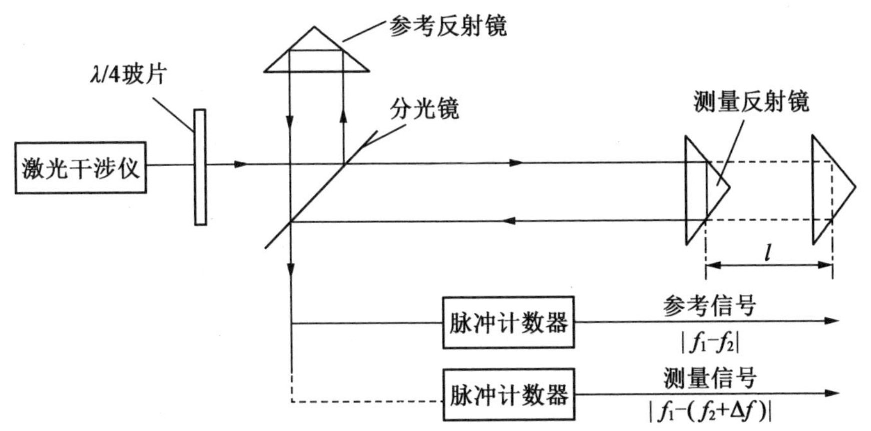

图 5.4　双频激光测量法测精密离心机动态半径的光路原理

当回转半径动态变化时，若将测量目标沿径向移动一段距离 l，将会导致安装在目标上的测量反射镜同样也移动距离 l。重复以上步骤，根据多普勒效应，光束 f_2 被测量反射镜反射回分光镜的频率将发生变化，记光束 f_2 返回至分光镜后频率变为 $f_2+\Delta f$，频率的变化量 Δf 将反映出目标移动距离 l 的值。此时，两束光形成的差频信号频率也将发生变化，将此时的差频信号称为测量信号，其频率为 $|f_1-(f_2+\Delta f)|$。最后，将测量信号与参考信号的频率差用脉冲计数器反映出来，记两脉冲计数器值的差为 N，其大小即反映了 Δf 的值，而 Δf 的值与 l 成正比。那么，测量目标移动距离 l 的值可表示为

$$l=\frac{\lambda_0}{2}N \tag{5.15}$$

式中　λ_0——测量光路中的激光波长，m。

5.4.2　基于电容测微仪的精密离心机动态半径测量方法

激光干涉仪对环境因素的变化比较敏感，因此对于高精度精密离心机，还可以采用电容测微仪对精密离心机转盘或转臂边沿的动态伸长量进行非接触测量。目前，采用电容测微仪测量精密离心机动态半径的方法已经较为成熟。测量时，将一个电容测微仪专用支架固定在精密离心机主轴附近，并沿半径方向自由延伸，采用高精度的电容测微仪作为测量基准，用来实时测量精密离心机回转臂外固定点在高速转动时沿半径方向的位移变化量。图 5.5 所示为哈尔滨工业大学研制的臂式精密离心机所采用的动态半径及失准角测量原理图。同时，这种测量动态半径的方法也是俄罗斯门捷列夫计量院的高精度精密离心机动态半径测量采用的成熟方法。

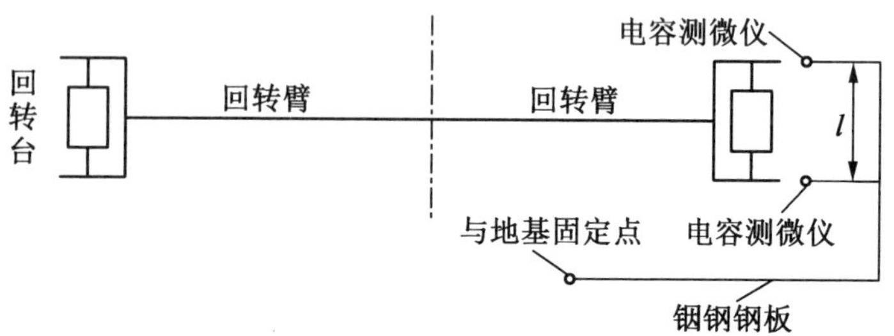

图 5.5　臂式精密离心机所采用的动态半径及失准角测量原理图

该测量机构选取了两套相同类型的高精度电容测微仪，两者形成一个测量整体。当精密离心机转速稳定后，两个电容测微仪直接测量回转台两轴承座的

径向位移，两个电容测微仪的示数之差反映了铅垂方向的失准角，示数的平均值为实时动态半径。

通过电容测微仪可以检测出动态半径随温度的变化，但是必须保证电容测微仪的安装支架相对于离心机主轴平均回转轴线的距离不随温度变化。动态半径及失准角在线测量机构与地基间的固定点应当尽量靠近离心机主轴轴线，最大限度地降低环境温度对测量精度的影响。电容测微仪的安装支架可以采用专门冶炼的铟钢（4J32）材料，其温度系数仅为地基和普通钢材温度系数的 1/10 ~ 1/5。安装电容测微仪时，从离心机地基主轴平均回转轴线位置附近，通过一块铟钢钢板引出一个安装基准面，该铟钢钢板只在离心机主轴平均回转轴线附近与地基固定，并且不与离心机底座发生物理接触。在该铟钢钢板上面安装一个高刚度钢结构安装支架，在安装支架上表面安放电容测微仪。这样，在温度场发生变化时，底部的铟钢钢板不随地基的温度变形而发生变化，即电容测微仪相对主轴平均回转轴线的垂直距离不变，电容测微仪的空间高度随温度场的变化并不影响测量精度。

精密离心机在以某一加速度旋转运动时会出现振动或者受到干扰，这导致测量所得数据含有大量的无效数据，因此在测量中需要剔除这些无效数据并且进行多次读数取平均值，以提高测量精度。测试标定则是针对传感器动态性能的测试，计算机给定几组不同的离心加速度指令输入，待系统以规定的 g 值稳定运行后，读取电容测微仪的数据，连续测量 N 次，得到 $\Delta_{R,1},\cdots,\Delta_{R,N}$，可以将系统转动半径动态测量精度 σ_R 表示为

$$\sigma_R = \sqrt{\frac{1}{N-1}\sum_{i=1}^{N}(\Delta_{R,i} - \overline{\Delta}_R)^2} \tag{5.16}$$

式中　$\overline{\Delta}_R$——给定速率下连续测量 N 次动态半径的平均值，m。

受电气噪声、机械结构不稳定以及测量面粗糙度等随机因素的影响，动态半径为波动量，定位测量区域内采集的 N 个测微仪数据 $\Delta_{R,i}$ 的分散性越大，则动态半径的波动也越大，动态半径测量的不确定度就越高。

5.5 基于机械角位置采样的精密离心机动态半径测量

在精密离心机的研制过程中，一种普遍采用的离心机动态半径实时测量方案是外部固定安装非接触式精密微位移传感器。在测量过程中，外部测量机构上固定安装的传感器检测探头静止不动，当精密离心机匀速稳定旋转时，通过实时测量精密离心机端部（端部加工出待测试弧面）与检测探头之间的距离变化实现精密离心机动态半径测量。由于精密离心机动态半径测量精度要求非常高，因此在使用这种方案测量之前需要对离心机端部的待测试弧面进行精密研磨，使其达到一定的平面度和弧度，并令待测试弧面整体到检测探头的距离基本不变（即微位移传感器的输出为近似常值），这大大增加了测量前期的准备工序和难度，同时增加了试验时间和成本。

基于机械角位置采样的精密离心机动态半径计算方法属于精密仪器测量技术领域，该方法不需要对面积较大的精密离心机待测试弧面进行精密研磨，极大限度地简化了测量前期的准备工序，降低了测量前期的部件加工难度和复杂度，节约了试验时间和成本。

采用外部固定安装非接触式精密微位移传感器的精密离心机动态半径测量方案原理图如图 5.6 所示，其中，O 为离心机旋转轴线，R 为离心机半径，ω 为离心机旋转角速度，Θ 为离心机动态半径待测试弧面对应的圆心角，θ_1 和 θ_2 分别为动态半径待测试弧面对应的初始和截止机械角位置，$\Theta = \theta_2 - \theta_1$。

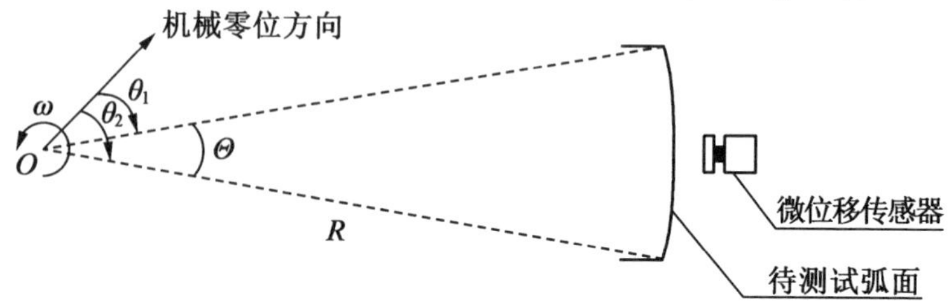

图 5.6 采用外部固定安装非接触式精密微位移传感器的精密离心机动态半径测量方案原理图

基于机械角位置采样的精密离心机动态半径计算流程图如图 5.7 所示。

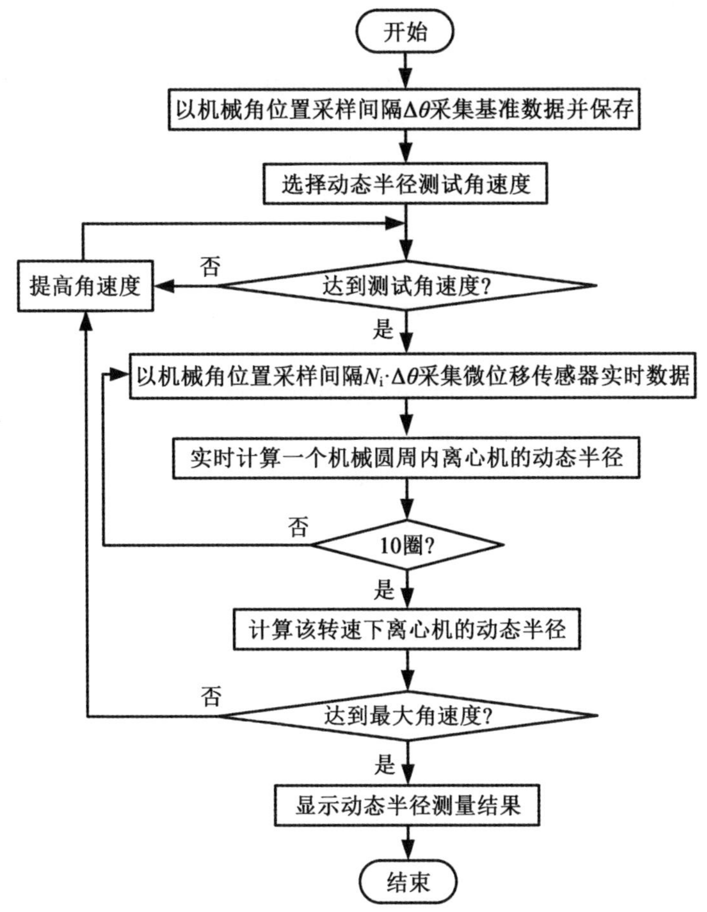

图 5.7　基于机械角位置采样的精密离心机动态半径计算流程图

为了解决待测试弧面加工工序复杂、难度大的问题，基于角位置采样的精密离心机动态半径计算方法采取的技术方案如下：

1. 采集低速下微位移传感器基准数据

精密离心机的工作半径随转速升高而增加，因此需要采集并保存静态（或准静态）下一个机械圆周对应的微位移传感器输出信号，即动态半径基准数据，所述基准数据的采集和保存过程如下：当离心机主轴以 ω_0 角速度（准静态）稳定匀速运行时，采集动态半径基准数据，数据采集方式为角位置采样，固定采样位置间隔为 $\Delta\theta$，则一个机械圆周对应的采样点数为 $K_0=360/\Delta\theta$，K_0 为正整数。且应使 $\Delta\theta\geqslant\omega_0 T$，其中，$T$ 为离心机控制系统的时间采样周期，从数据利用效率的角度不宜选取太小的 $\Delta\theta$。将采集到的动态半径基准数据按照对应的机械角位置进行保存。低速（或准静态）下动态半径基准数据测量原理图如图 5.8 所示。

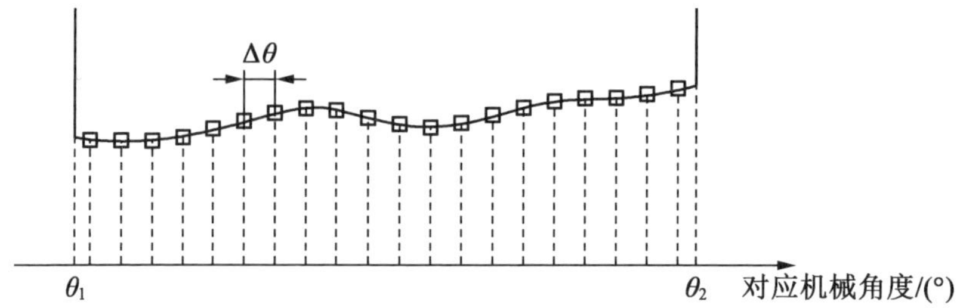

图 5.8　低速(或准静态)下动态半径基准数据测量原理图

2. 实时采集不同转速条件下微位移传感器数据

当离心机主轴以 ω_i 的角速度(测试状态)稳定匀速运行时,采集微位移传感器实时数据,数据采集方式为角位置采样,固定采样位置间隔为 $N_i \cdot \Delta\theta$,则一个机械圆周对应的采样点数为 $K_i = 360/(N_i \cdot \Delta\theta)$,其中,$N_i$、$K_i$ 均为正整数,N_i 为每个测试转速对应的角位置采样间隔系数,离心机转速越高,N_i 数值越大。$N_i \cdot \Delta\theta$的确定应满足 $N_i \cdot \Delta\theta \geqslant \omega_i T$,且 $N_i \cdot \Delta\theta \leqslant \Theta$,即要保证离心机旋转一个机械圆周过程中,待测试弧面上至少有一个角位置点对应的动态半径距离变化信息能够被微位移传感器检测探头测量到;同时,应选取尽量小的 $N_i \cdot \Delta\theta$,以保证离心机旋转一个机械圆周过程中待测试弧面上能够测量到更多的有效角位置点对应的动态半径距离变化信息。

按照角位置采样间隔 $N_i \cdot \Delta\theta$ 采集微位移传感器实时数据,如图 5.9 所示,并记为对应机械角位置的函数形式 $S_{i,j}[\theta_{Ai} + (j-1)N_i \cdot \Delta\theta]$,其中,$\theta_{Ai}$ 为待测试弧面在角位置采样间隔 $N_i \cdot \Delta\theta$ 条件下采到的第一个机械角位置,j 为有效测试点数,$j = 1, 2, \cdots$。

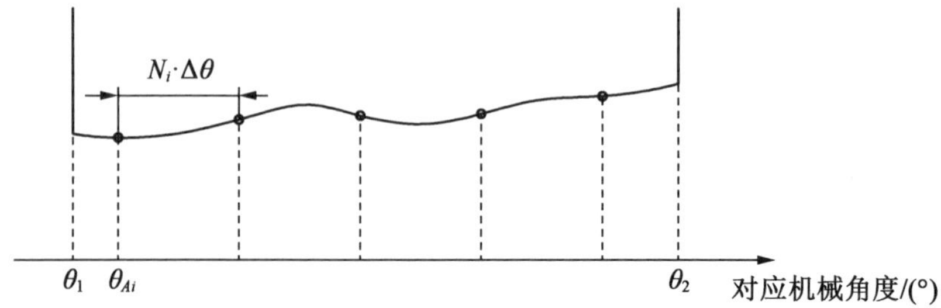

图 5.9　不同转速条件下动态半径按角位置实时采样测量的原理图

3. 实时计算一个机械圆周内离心机的动态半径

令离心机主轴以 ω_i 的角速度稳定匀速运行,当待测试弧面旋转进入微位移传感器检测探头的测量区域(即圆心角 Θ 对应的角位置区域,如图 5.6 所示)时,

即 $\theta_1 \leqslant \theta \leqslant \theta_2$，其中，$\theta$ 为当前离心机旋转对应的机械角位置，根据每个机械角位置采样点的微位移传感器实时数据 $S_{i,j}[\theta_{Ai}+(j-1)N_i \cdot \Delta\theta]$ 和之前保存的与该角位置 $\theta_{Ai}+(j-1)N_i \cdot \Delta\theta$ 直接对应的基准数据做差，得到一个机械圆周内传感器输出信号电压差 $E_{i,j}[\theta_{Ai}+(j-1)N_i \cdot \Delta\theta]$。求取一个机械圆周内传感器输出信号电压差的均值，并转化为长度量纲，即一个机械圆周内离心机的动态半径为

$$\widetilde{R}_{i,l} = C\sum_{j=1}^{n} E_{i,j}[\theta_{Ai} + (j-1)N_i \cdot \Delta\theta]) \tag{5.17}$$

式中　l——测试圈数；

C——微位移传感器标度因数；

n——Θ 与对应的圆心角区域内有效的角位置测试点数。

4. 计算匀速条件下离心机的动态半径

离心机主轴以 ω_i 的角速度(测试状态)稳定匀速运行 10 圈后，计算并保存 10 圈的动态半径并求取均值，作为该转速下离心机的动态半径，即

$$R_i = 0.1 \times \sum_{l=1}^{10} \widetilde{R}_{i,l} \tag{5.18}$$

5. 试验验证

以精密离心机为背景，系统最高转速为 1 080 (°)/s，控制系统的时间采样周期 $T=0.000\ 2$ s，选取准静态角速度 $\omega_0=6$(°)/s，稳定匀速运行时采集一个机械圆周对应的微位移传感器输出基准电压数据，如图 5.10 所示。数据采集方式为角位置采样，由于 $\omega T = 0.001\ 2°$，因此选取机械角位置采样位置间隔 $\Delta\theta=0.025°$，则一个机械圆周对应的采样点数为 $K_0=14\ 400$。同理，可以按照设定的不同转速条件下角位置采样间隔，实时采集不同转速条件下微位移传感器数据，并给出求取精密离心机动态半径的方法。具体内容见表 5.3。

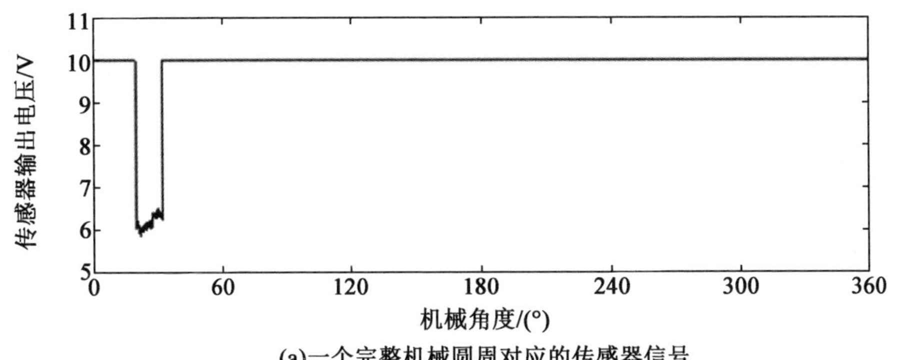

(a)一个完整机械圆周对应的传感器信号

图 5.10　动态半径基准数据曲线及其局部放大图

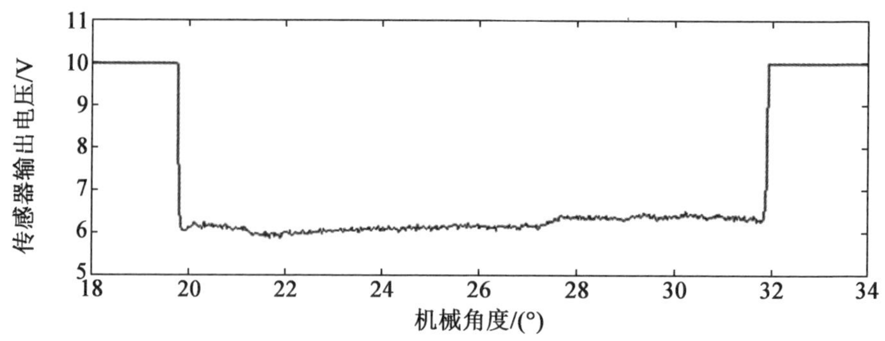

(b)动态半径完整待测试弧面对应的传感器信号的局部放大图

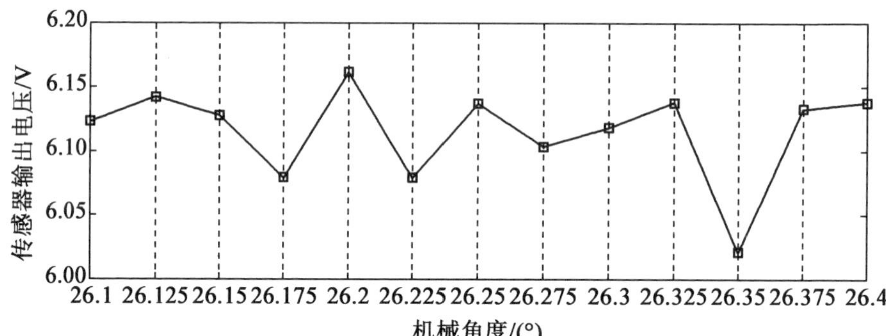

(c)按$\Delta\theta$=0.025°实现待测试弧面测量的传感器信号的局部放大图

图 5.10(续)

表 5.3 不同转速条件下角位置采样间隔

ω_i/[(°)·s^{-1}]	$\omega_i T$/(°)	θ/(°)	N_i	机械角位置采样间隔/(°)
$\omega_i \leqslant 6$	≤0.001 2		1	0.025
$6 \leqslant \omega_i < 180$	≤0.036 0		2	0.050
$180 \leqslant \omega_i < 360$	≤0.072 0	10	4	0.100
$360 \leqslant \omega_i < 1\ 080$	≤0.216 0		10	0.250
$1\ 080 \leqslant \omega_i$	≤0.360 0		20	0.500

传统的动态半径计算方法要求(或依赖于)经过精密研磨的待测试弧面,而本方法能在保证动态半径计算精度的同时,适用于更广泛的待测试弧面。该方法不需要对面积较大的精密离心机待测试弧面进行精密研磨,极大限度地简化了测量前期的准备工序,降低了测量前期的部件加工难度和复杂度,节约了试验时间和成本。

本章参考文献

[1] YANG Y, HUO X. Measuring and balancing dynamic unbalance of precision centrifuge[C]//Fifth International Symposium on Instrumentation Science and Technology. SPIE,2009,7133:217-222.

[2] 王世明, 任顺清. 精密离心机误差对石英加速度计误差标定精度分析[J]. 宇航学报, 2012, 33(4): 520-526.

[3] 全国振动冲击转速计量技术委员会. 精密离心机检定规程:JJG1066—2011[S]. 北京: 中国航空工业集团公司北京长城计量测试技术研究所, 2011.

[4] 凌明祥, 李明海, 杨新, 等. 高精度精密离心机静态半径测量方法与应用[J]. 仪器仪表学报, 2014, 35(5): 1072-1078.

[5] IEEE. Recommended Practice for Precision Centrifuge Testing of Linear Accelerometers:IEEE 836—2001[S]. IEEE, 2001.

[6] 全国振动冲击转速计量技术委员会. 线加速度计的精密离心机校准规范: JJF 1116—2004[S]. 北京: 中国航空第一集团公司第三〇四研究所, 2004.

[7] 吴付岗, 王军. 精密离心机加速度载荷模型研究[J]. 机械工程学报, 2010, 46(18): 36-40.

[8] 尹小恰. 精密离心机工作半径的测试方法与误差分析[D]. 哈尔滨:哈尔滨工业大学, 2013.

[9] 杨巨宝. 精密离心机半径值动态测试系统[J]. 宇航计测技术, 1994,14(2): 5-10 .

[10] 陈希军, 孙群学, 任顺清. 离心机大臂动态半径长度的测量[J]. 宇航计测技术, 2002, 22(2): 10-13.

[11] 杨亚非,吴广玉,任顺清. 提高加速度计标定精度的方法[J]. 中国惯性技术学报,1998,6(4):99-103.

[12] YAMAZAKI K, LEE K S, AOYAMA H, et al. Noncontact probe for continuous measurement of surface inclination and position using dynamic irradiation of light beam[J]. CIRP Annals – Manufacturing Technology, 1993, 42(1): 585-588.

[13] TANG S, WANG Z, JIANG Z, et al. A new measuring method for circular motion accuracy of NC machine tools based on dual – frequency laser interferometer[C]//2011 IEEE International Symposium on Assembly and Manufac-

turing, (ISAM). IEEE, Tampere, Finland, 2011: 1-6.

[14] 任顺清，杨亚非，吴广玉. 精密离心机主轴回转误差对工作半径的影响[J]. 哈尔滨工业大学学报，2000，32(1)：54-57.

[15] 全国惯性技术计量技术委员会. 双离心机法线加速度计动态特性校准规范:JJF 1426—2013[S]. 北京：中航工业北京长成计量测试技术研究所，2013.

名词索引